76篇漫畫圖解，帶你走進充滿驚奇的里山，輕鬆吸收生態知識

遇見山林裡的小動物

あえるよ！
山と森の動物たち

Imaizumi Tadaaki
今泉忠明／著
帆／漫畫
陳幼雯／譯
林大利／審訂

前言

大家好，到原野和森林走走總能讓人心曠神怡，那裡的空氣乾淨又安靜，一想到還能遇見野生動物，就更令人期待了。即使我們經常看到飛舞的蝴蝶或蜻蜓，然而，能夠真正遇見其他野生動物的機會其實不多吧？不過，你們或許可以仔細觀察，有些葉片是不是斷掉或被撕裂了？不完整的葉子有可能是被蟲咬、被鹿啃過，或是呼嘯的風造成的，這背後一定有其原因。

在散步時擁有這樣的敏銳度之後，你就會看見更多。仔細一看，甚至能發現野兔的咬痕！山林原野中乍看之下或許什麼都沒有，但其實留下了很多蛛絲馬跡。在山上追尋這些蛛絲馬跡，即便沒有攻頂，依然樂趣無窮。你可以走訪同一個地方無數次，把那一個區域摸透；可以一邊散步，一邊想像腳下發生過什麼事；可以在有樹木的地方，邊走邊尋找樹洞。這樣一來，你的視野就會漸漸開闊，山中健行也會變得越來越有趣。

時光匆匆，我研究動物已經超過五十年，我將自己在書上學到的、在山林中體驗到的都寫進了這本書中。書中是我一切經驗和知識的精華，閱讀本書，你也可以成為小小的動物學家。

學界已有定見的部分，我會寫得很肯定，而目前尚不明朗的部分，我就保留一點，加個「或許」。自然界有很多我們似乎已知，但實際上未解的謎題，因此讀到這些地方時，希望大家一起研究看看這些「或許」是否為真。

認識動物，等於是認識大自然如何運作，進一步來說，我認為也相當於在理解人類如何生存、如何活下去。我們不必特地高聲嚷嚷「要愛護大自然」，只要了解大自然的運作方式，就會自發性地去愛護了。希望你們把這本書當作起點，然後去對自然感到驚奇、去打開你的雙眼，進而自己去尋找本書的續篇。

——今泉忠明

在路上看見狸貓或白鼻心時，在山中有幸遇見日本髭羚（又稱日本長鬃山羊）或雷鳥時，我們都會有種神奇的驚喜感。日本的動物乍看之下很樸素，但有些動物的花色與色調複雜而細緻，有些動物的外觀適應了森林，或者在人類生活與自然交會處的里山環境，牠們展現了一種融入日本大自然的美。每一種生物的生態，都有漫畫無法百分之百呈現其魅力的部分，有興趣的人一定要親眼觀察看看。我想要畫出的是山林動物鮮活的生活樣貌，也希望你們會喜歡。

——帆（漫畫）

目錄

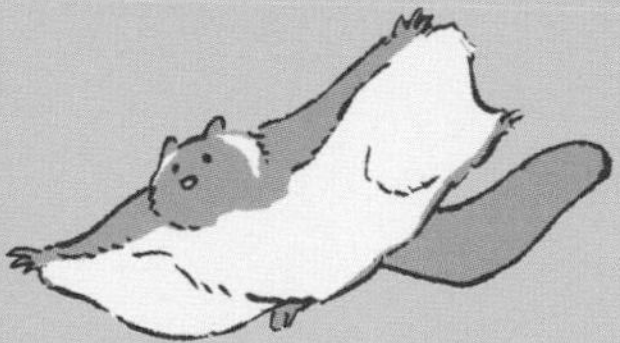

序章 山上遇見的不思議

第一章 生而為獸，我好辛苦

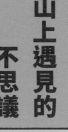

第二章 獵人與獵物

第三章 是離群索居好？還是成群結隊好？

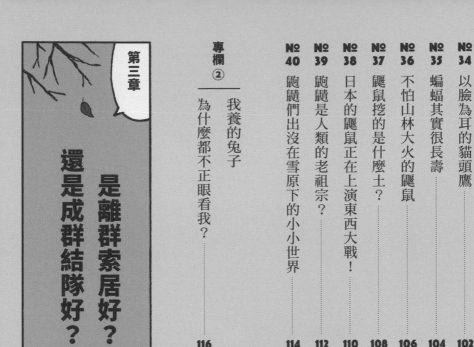

第四章 就想和稀有的你們見一面！

序章

山上遇見的不思議

獸徑的祕密

動物走過的地面已經經過一遍遍踩踏，自然會變得比較好行走一些。

動物都會習慣取道好走的地方，好走的地方自然會形成一條路，也就是所謂的「獸徑」。

長年下來形成的「獸徑」會一直留存在那裡。

陡坡對於動物來說也不好走，因此路徑比較曲折。
鹿常常結伴而行，這條「鹿徑」容易變成正式的路徑。
所有動物都會走的大路。
熊腳又大又健壯。牠們體型雖大，行走時卻可以不發出聲音，不太需要理會路徑如何。

有些路窄，有些路寬。草叢中有通道，地底也有隧道。

不同物種的行走需求與追求各不相同，因此大路會再分歧出小路，形成密密麻麻的路網。每種動物都有自己的路可以走。

這裡是不為人知的路徑，回棲所的路只有一隻野兔使用。
山豬走的「山豬徑」，周遭的樹葉大多會沾上泥土。
有捷徑！
我不太走那裡！
平衡感沒有很好。

登山步道與車道對於動物來說也很好走，動物也會在沒有人類通過的時候走在這些路段。

「獸徑」與登山步道常常交會，仔細看，就會發現囉。

蹲下身子，與動物保持同樣的視線高度，會比較容易找到獸徑。

尋覓的訣竅

- 沒有灌木叢的地方
- 沒有小樹枝
- 土壤或落葉經過踩踏

草往哪裡傾倒，就代表動物是往哪裡前進。據說，北美的印地安人只要觀察細微的落葉方向、苔蘚上的小凹痕，以及沙粒散亂的痕跡等線索，就知道動物走過哪裡、去了哪裡。

人類以前需要上山採鹽，
而植食動物也需要舔食岩鹽，
因此以前的人
可以沿著動物的獸徑入山。
動物知道
走哪條路最輕鬆，
這就是道路的起源。

迷路的時候怎麼辦？

首先，請鼓起勇氣原路折返。

我在登山的時候，
會時不時轉頭往後看，
確認回程路上的景色。

這樣一來，折返時看到的就不是
陌生的景色，會讓人安心許多。

此外，建議你盡量往上爬。

上方有山稜線路段，往上爬
常常能找到與山稜線相連的道路；
若是走下坡，很有可能來到懸崖邊，
讓自己無路可走。

如果走累了，
建議休息一晚再繼續往上。

這是誰的足跡？

雪地、沙地和泥地留下的，是誰的足跡呢？

透過足跡可以看出：

- 是成年或幼年
- 是公或母
- 健康與否
- 緊張或興奮等心理狀態
- 心情變化

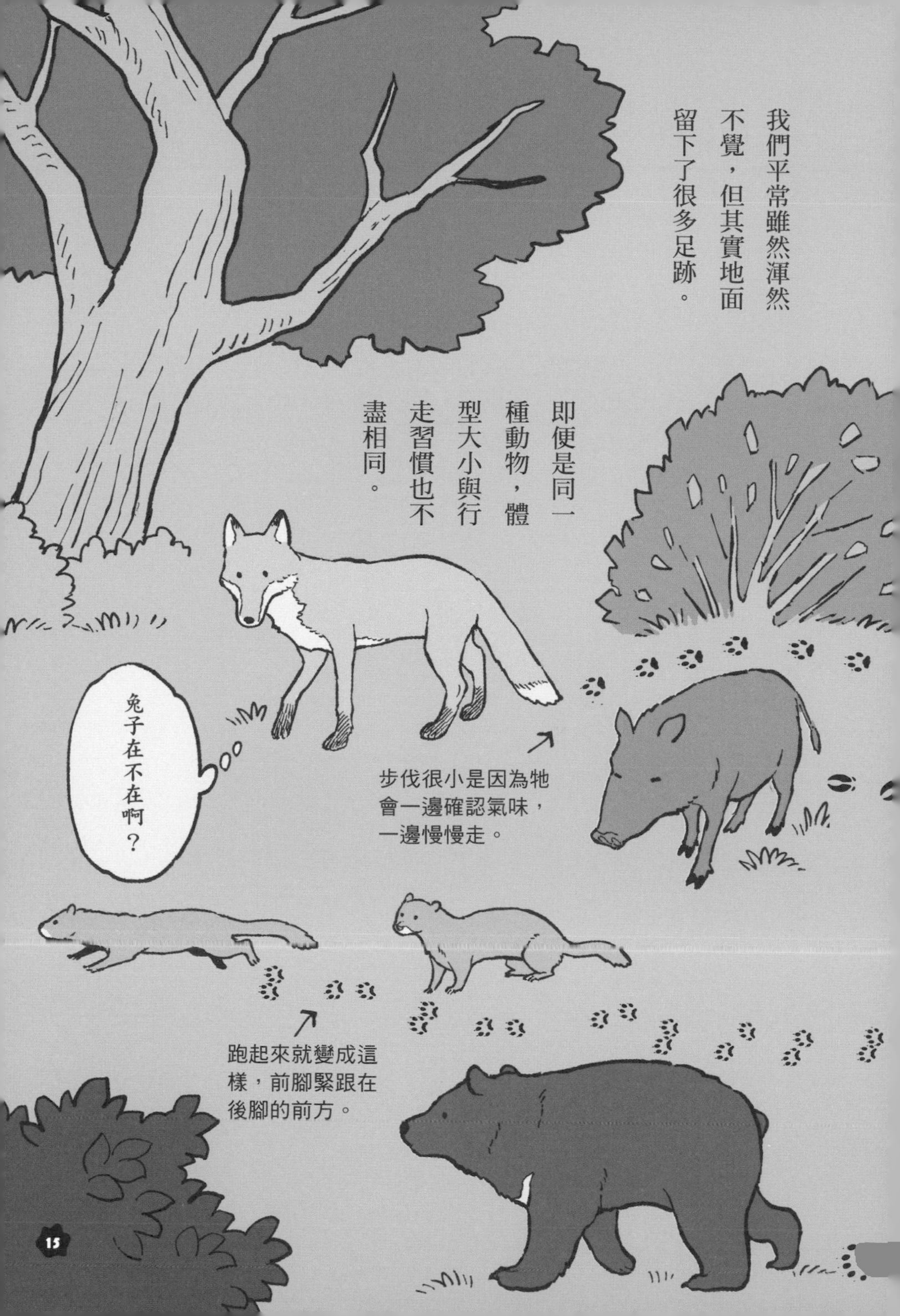
我們平常雖然渾然不覺，但其實地面留下了很多足跡。
即便是同一種動物，體型大小與行走習慣也不盡相同。
兔子在不在啊？
步伐很小是因為牠會一邊確認氣味，一邊慢慢走。
跑起來就變成這樣，前腳緊跟在後腳的前方。

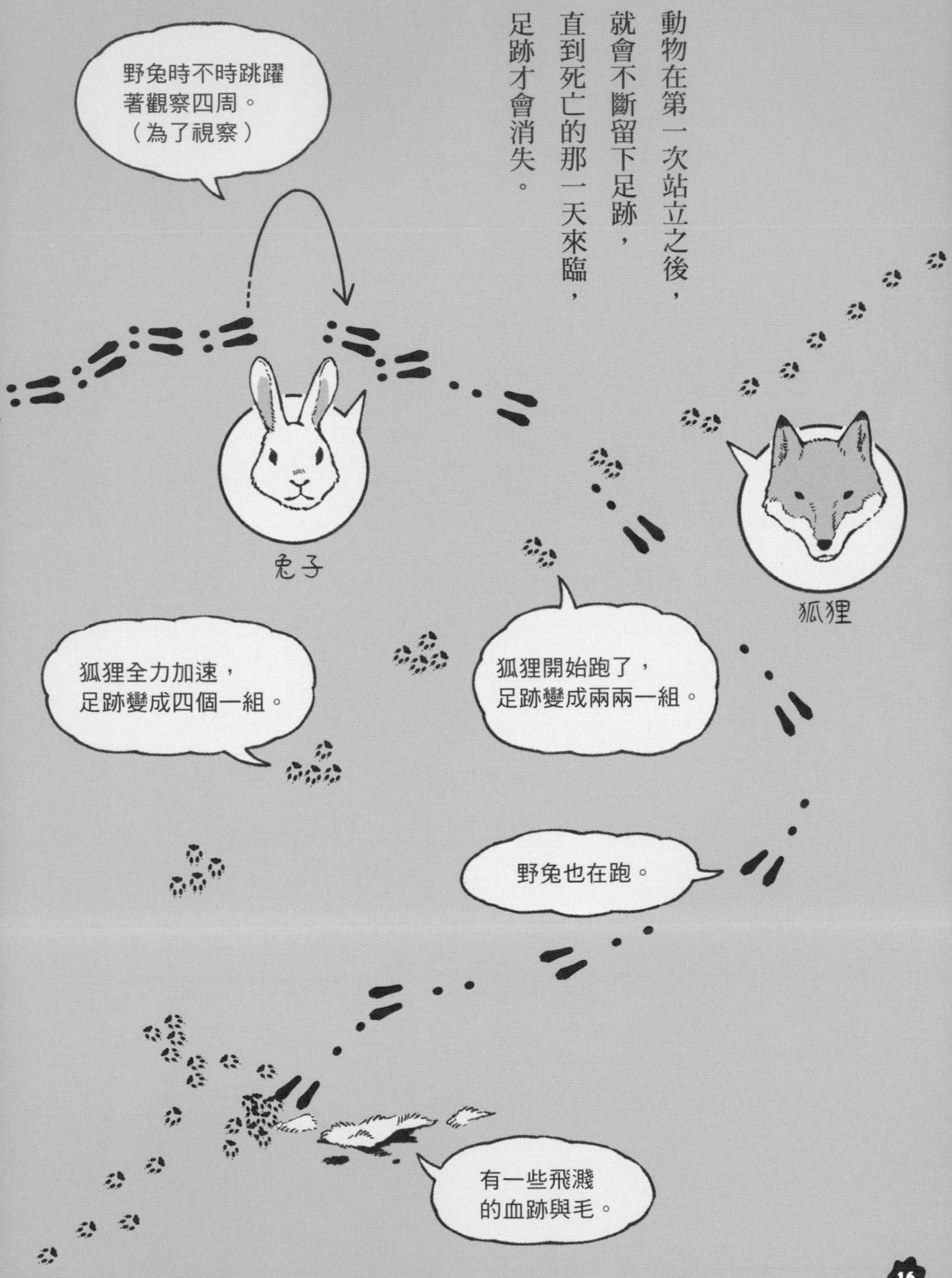
動物在第一次站立之後，就會不斷留下足跡，直到死亡的那一天來臨，足跡才會消失。
野兔時不時跳躍著觀察四周。（為了視察）
兔子
狐狸
狐狸開始跑了，足跡變成兩兩一組。
狐狸全力加速，足跡變成四個一組。
野兔也在跑。
有一些飛濺的血跡與毛。

辨別足跡 第一種 熊型

熊型足跡的腳後跟著地，留下五趾足跡（蹠行動物）。走路緩慢、四處徘徊的雜食動物多為蹠行動物。其中某些動物的前腳柔軟，可以持有或夾住物品。

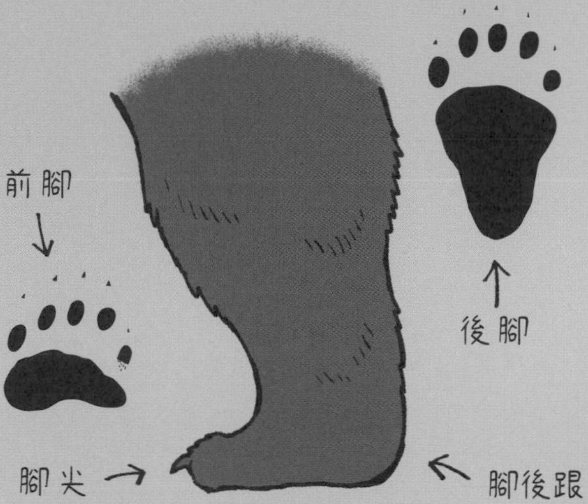

亞洲黑熊

足跡大小與人類差不多。雖然體型巨大，走路時卻靜悄悄的，很少留下足跡。前腳的第一趾痕跡有時候不會很清楚。

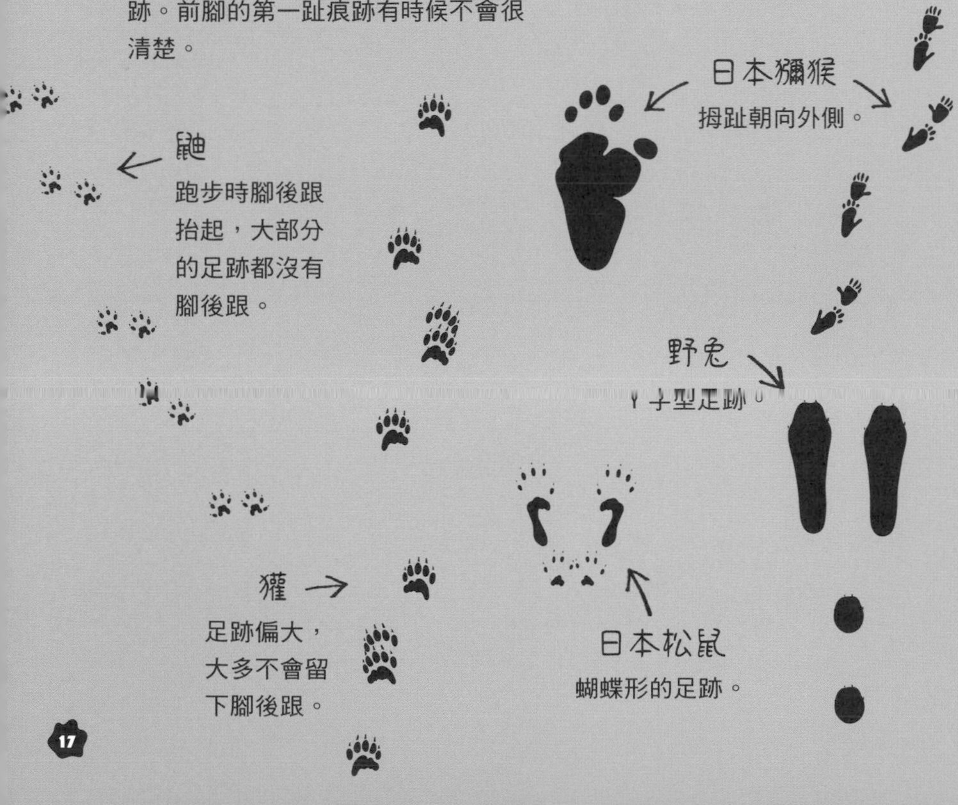

日本獼猴

拇趾朝向外側。

貂

跑步時腳後跟抬起，大部分的足跡都沒有腳後跟。

野兔

Y字型足跡。

貛

足跡偏大，大多不會留下腳後跟。

日本松鼠

蝴蝶形的足跡。

辨別足跡 第二種 狐狸型

只有相當於人類的「腳尖」部位著地（趾行動物）。大多是貓科、犬科等進行狩獵的肉食動物。肉球是緩衝墊，讓牠們得以消除腳步聲，而且動作靈活。

其實大象和恐龍也屬於這一種。

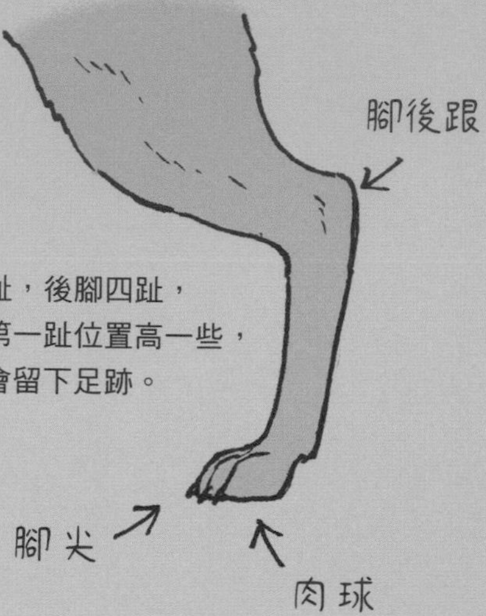

前腳五趾，後腳四趾，前腳的第一趾位置高一些，因此不會留下足跡。

前腳 後腳

狐狸

後腳踩的是前腳走過的地方，足跡呈現一直線。

前腳 後腳

狸貓

足跡不像狐狸一樣呈現一直線。

前腳 後腳

貓

不留爪痕。

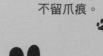

辨別足跡 第三種 鹿型

踩在地面上的只有硬化的趾甲，也就是「蹄」（蹄行動物）。腳底接觸地面的面積小，因此可以長時間快速奔跑，是植食動物演化出來的足型。

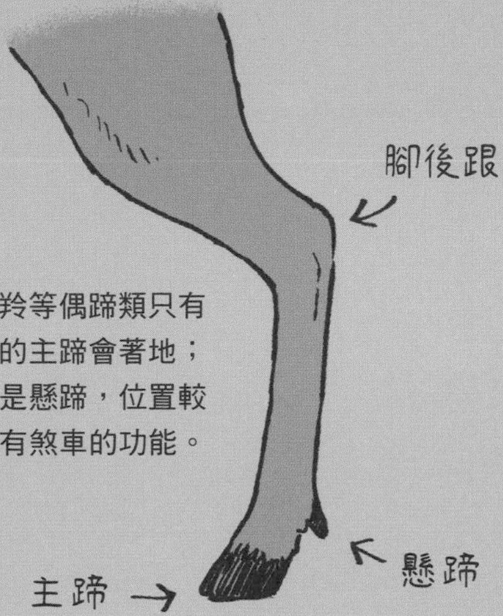

鹿和日本髭羚等偶蹄類只有第三、四趾的主蹄會著地；第二、五趾是懸蹄，位置較高一些，具有煞車的功能。

步行時前後腳的足跡幾乎完全重疊，跑步時就會分散。

大多不會留下完整的足跡，因此即便經驗再老道都很難區別鹿、日本髭羚和山豬的足跡，可以透過其他線索綜合判斷。

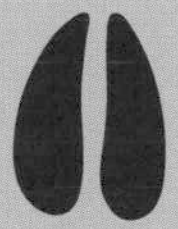
鹿

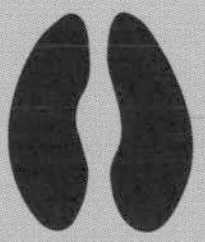
日本髭羚

山豬

比鹿和日本髭羚更原始的山豬側蹄位置較低，常常會留下足跡。

蹄在容易打滑的山坡上會展開，有助止滑。側蹄有時候也會留下足跡。

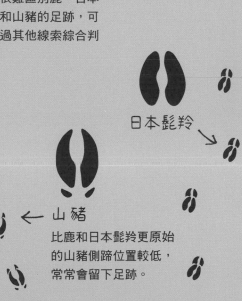

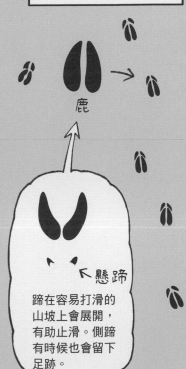

留在山中的記號

森林裡留有動物們的許多生活痕跡，走在林間不妨抬起頭或低頭看看。

亞洲黑熊的爪痕

手掌大小，通常有四爪。爬樹的時候只留爪痕，下樹時是用滑的，留下木屑痕跡。在某些情況下，這或許是「我住在這裡喔，不想遇到我就趕快離開」的記號。

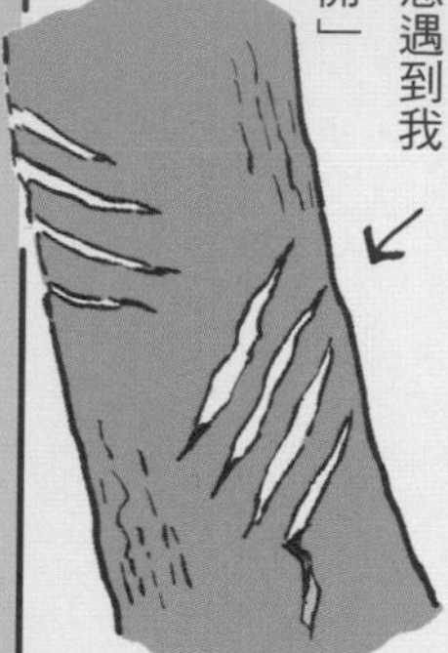

坐巢

在地上被破壞的樹幹

熊破壞蟻窩吃掉幼蟲或螞蟻卵，還會舔食氣得爬到手上的螞蟻。

散亂的橡實

熊或山豬會整顆吃下再絞碎，糞便中就會出現橡實碎片。大林姬鼠、松鼠、日本鼯鼠和松鴉則是剝殼後再吃。

蟲蛀的橡實

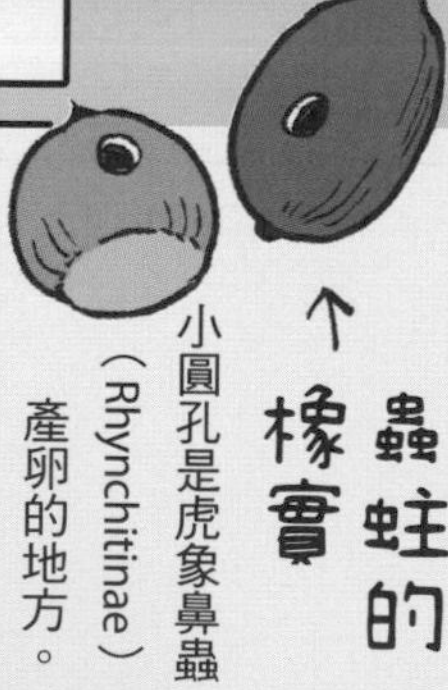

小圓孔是虎象鼻蟲（Rhynchitinae）產卵的地方。

有洞的胡桃

大林姬鼠吃的。（頁58）

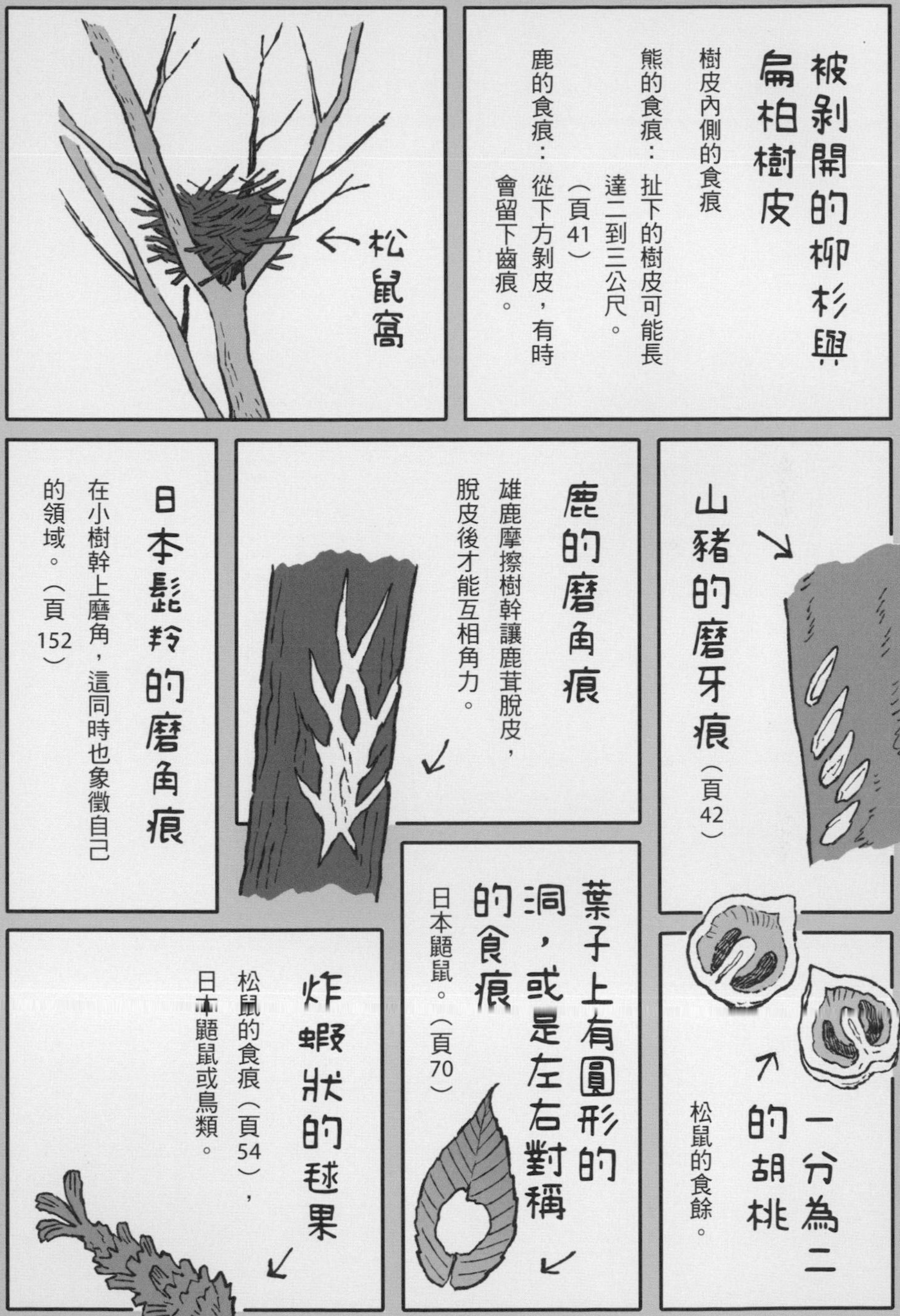
被剝開的柳杉與扁柏樹皮
樹皮內側的食痕
熊的食痕：扯下的樹皮可能長達二到三公尺。（頁41）
鹿的食痕：從下方剝皮，有時會留下齒痕。
松鼠窩
山豬的磨牙痕（頁42）
鹿的磨角痕
雄鹿摩擦樹幹讓鹿茸脫皮，脫皮後才能互相角力。
日本髭羚的磨角痕
在小樹幹上磨角，這同時也象徵自己的領域。（頁152）
一分為二的胡桃
松鼠的食餘。
葉子上有圓形的洞，或是左右對稱的食痕
日本鼯鼠。（頁70）
炸蝦狀的毬果
松鼠的食痕（頁54），日本鼯鼠或鳥類。

水窪

如果水質混濁，都是泥土，代表山豬在這裡打滾過。（頁42）

獾或鳥類等各種動物都會來洗澡或喝水。

挖出土堆

山豬在尋找食物。如果呈現碗狀，有可能是獾在尋找蚯蚓。

小樹枝上的齒痕

如果位於上方，就是獼猴冬天找不到食物，吃樹皮的食痕；如果位於下方，可能是日本髭羚、鹿或野兔的齒痕。

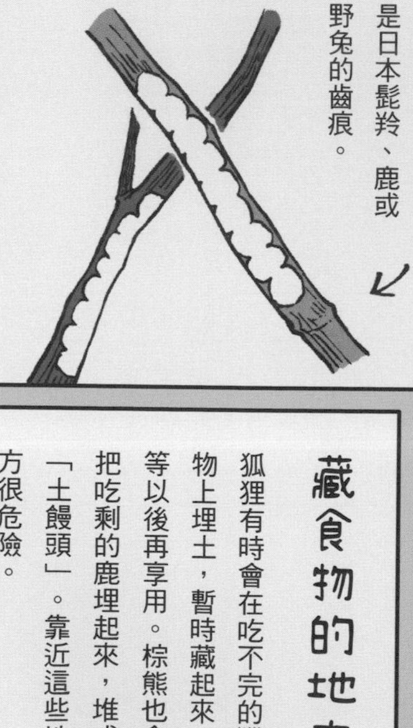

食繭

林鴞或鵟會將無法消化的羽毛和骨頭一併吐出來，調查食繭可以知道牠們吃了什麼。

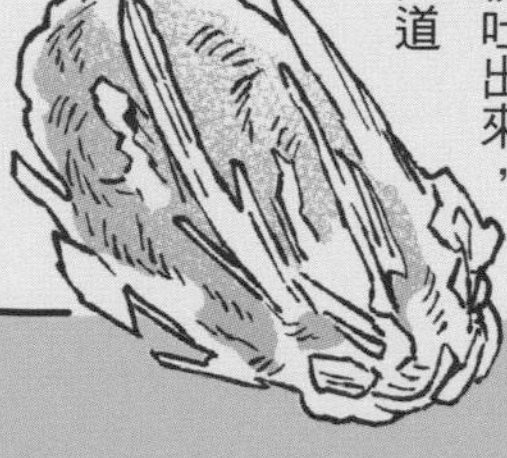

藏食物的地方

狐狸有時會在吃不完的獵物上埋土，暫時藏起來，等以後再享用。棕熊也會把吃剩的鹿埋起來，堆成「土饅頭」。靠近這些地方很危險。

我們或許可以在山上找到動物睡過的地方或巢穴，這些動物都是睡在哪裡呢？

我們植食動物要保持警覺，不但睡覺時間很零碎，只有三小時，而且草又不好消化。
像坐著一樣平趴下來。

鹿的歇腳處

牠們在看得見下方的山稜或山坡的平台上俯臥休息，為了消化食物而無法躺下。

狐狸洞

狐狸或狸貓使用的是大小適中的洞穴或岩石縫隙，狐狸也會自己挖洞。（棲所不同於繁殖用巢穴，巢穴會在比棲所更難找到的地方）

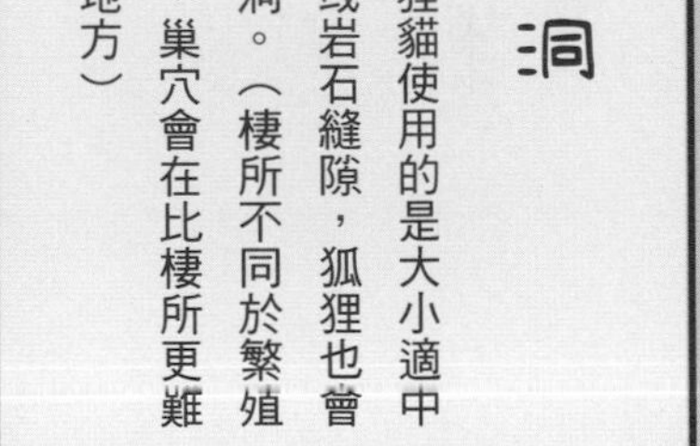

山豬的床

鋪上竹葉、蕨類或芒草等植物當成床。據說上方如果拱成圓頂狀，可能就是繁殖用的窩。

這是誰留下來的便便？

有些臭臭的東西被留在森林中，
我們來看看主人是誰吧。
這些東西都有細菌，
所以不可以亂碰喔，
碰了記得洗手。

一大坨的糞便，
是熊吃了橡實
之後排出來的。

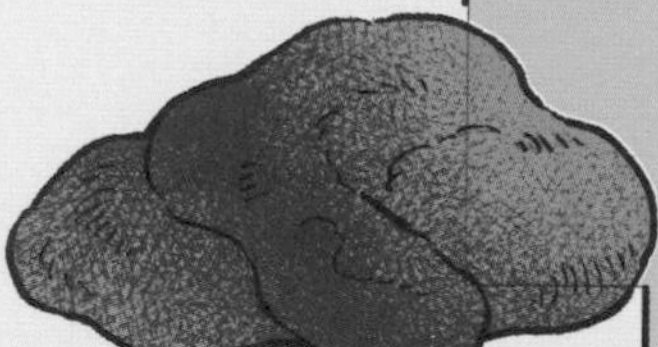

動物吃壞肚子
後排出的軟便。
獾在吃蚯蚓時
會連泥土一起
下肚，
所以糞便本來
就容易濕軟。

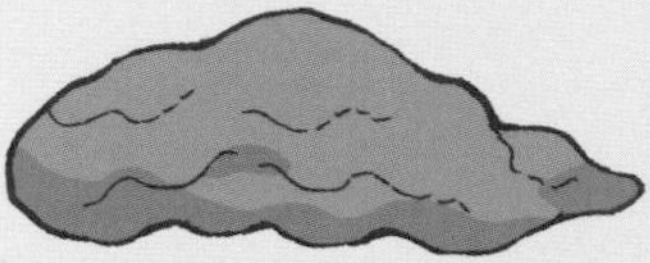

糞便裡有
植物種子，
是喜歡水果的
貂嗎？

春天吃軟嫩的葉子
就容易排軟便，
顏色會偏綠。
一淋到雨
就會化掉。

冬天沒有食物，樹
皮或冬芽吃多了，
排出充滿纖維質的
硬便。

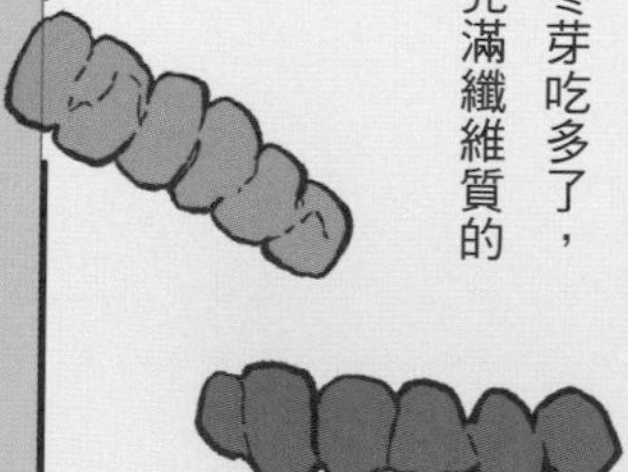

如何辨別糞便？

糞便的外觀，會受到食物與消化器官的影響。

熊

糞便比拳頭大。消化器官較簡單，類似肉食動物，因此無法完整消化食物，很像是直接磨碎食物後排出的糞便，吃了水果還會產生果香。

鹿

形狀如橡實，在行走的時候一顆顆排出。留住定點用力排便，有被敵人攻擊的風險。

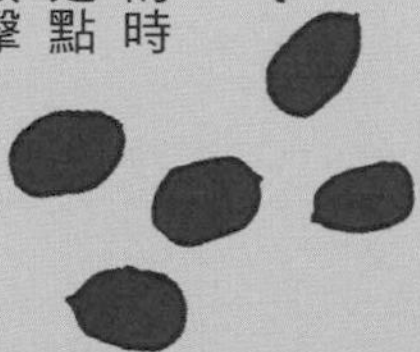

日本髭羚

與鹿的糞便類似，但是會集中在一個地方。

鼬科

細長，段段分明，通常是螺旋狀。糞便是領域的標誌，會排在顯眼的地方。

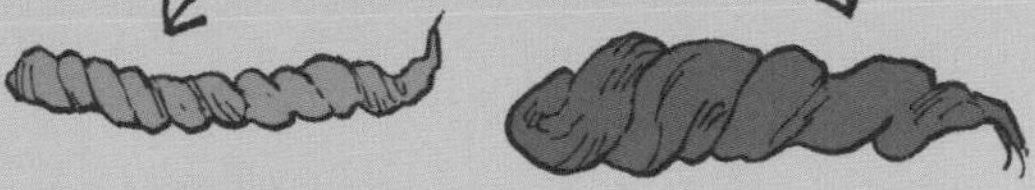

狸貓

堆出糞便的小山丘。（頁126）

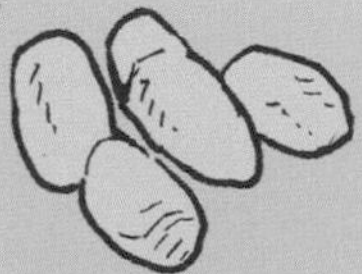

狐狸

灰白色的糞便。讓糞便變白的是小動物骨頭的鈣質。若吃到動物的毛，也可能形成毛茸茸的糞便。

山豬

毛毛蟲狀，像是靠纖維連在一起的，乾掉之後就會散開。

猿猴

春天是香腸狀，冬天纖維多，形成球狀糞便。通常是在視野好的地方排便。

野兔

約一公分大小，圓形。

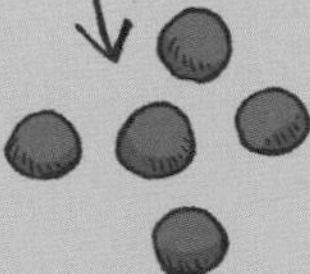

日本鼯鼠

藥丸形狀。

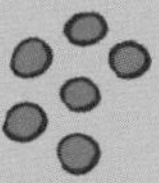

日本小鼯鼠

與日本鼯鼠類似，但是呈現圓筒狀。

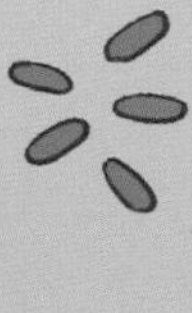

香腸型糞便

臭

肉食

雜食

植食

氣味較淡

顆粒狀糞便

在森林中尋找動物的行蹤

要去哪裡才會見到動物呢？

每一種動物都生活在適合自己的地方，無論是氣溫、食物、樹上、地上、土壤或水中，牠們的生活方式會依環境的不同而改變。

一般來說，生活方式相同的不同物種不會生活在一處，因為牠們之間是競爭關係，其中一方遲早會被驅離。

生物依照自己專長選擇不同棲地，這個現象叫作「棲位分化」。

以植物為例

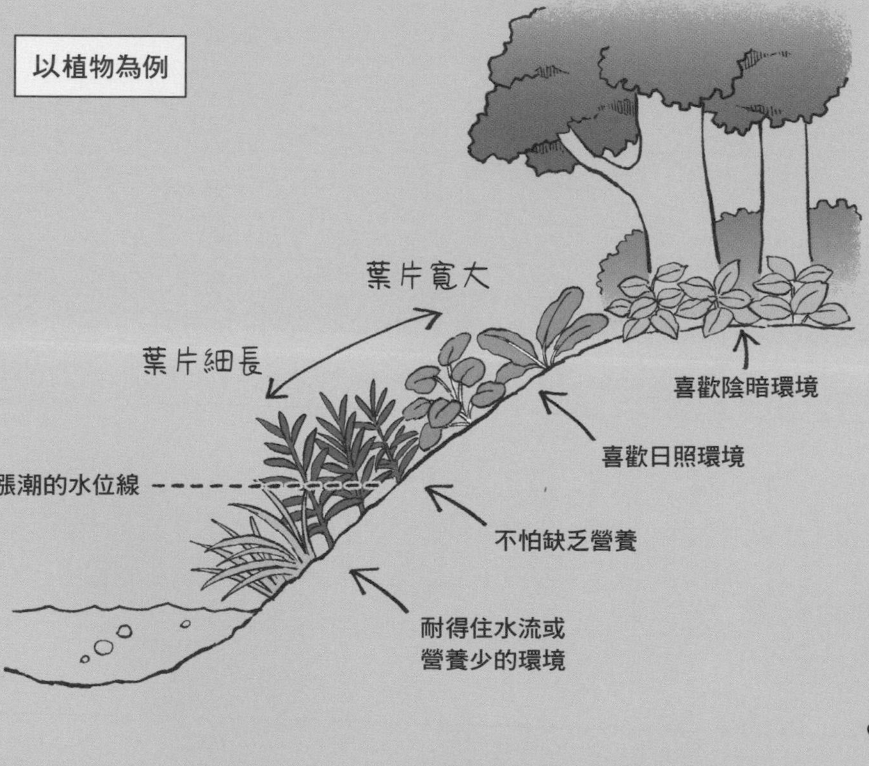
葉片寬大
葉片細長
喜歡陰暗環境
喜歡日照環境
漲潮的水位線
不怕缺乏營養
耐得住水流或
營養少的環境

這裡會以圖示說明海拔高低處的不同森林植群，以及鼬科與鼴鼠科動物如何「棲位分化」。

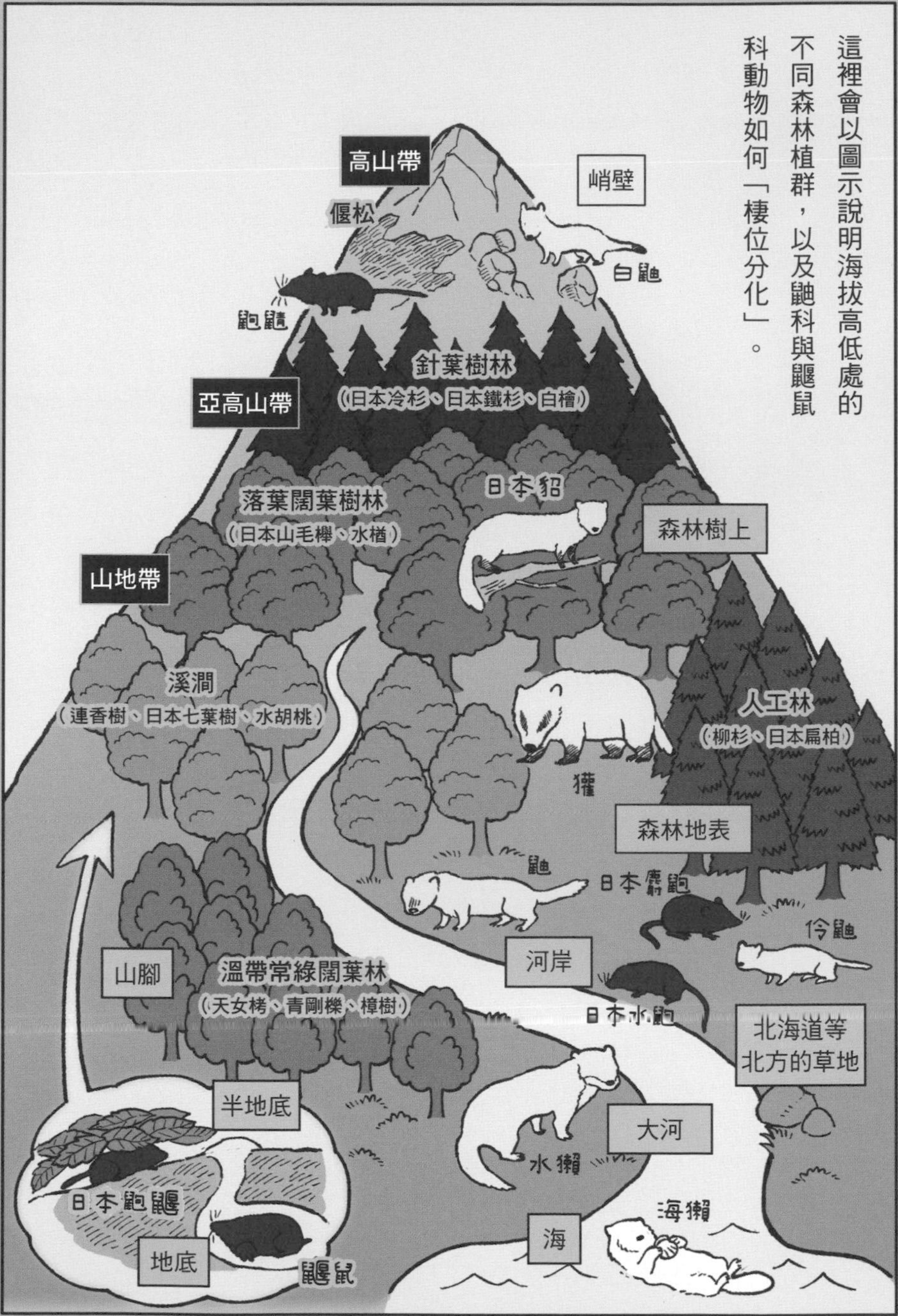

高山帶
峭壁
偃松
白鼬
鼩鼱
針葉樹林
（日本冷杉、日本鐵杉、白檜）
亞高山帶
落葉闊葉樹林
（日本山毛櫸、水楢）
日本貂
森林樹上
山地帶
溪澗
（連香樹、日本七葉樹、水胡桃）
人工林
（柳杉、日本扁柏）
獾
森林地表
鼬
日本麝鼩
伶鼬
河岸
山腳
溫帶常綠闊葉林
（天女栲、青剛櫟、樟樹）
日本水鼩
北海道等
北方的草地
半地底
大河
水獺
日本鼩鼴
海獺
海
地底
鼴鼠

針葉樹

葉片為針狀，樹液（樹脂）在冰點下的氣溫中不結凍，非常耐寒。種子裸露（裸子植物），不會結果，是比較原始的植物。先有針葉樹出現，後來才演化出落葉闊葉樹和溫帶常綠闊葉樹。

松樹

落葉闊葉樹

入冬為了避寒，也避免積雪，葉片轉紅凋零，落葉使得土壤變肥沃。

日本
山毛櫸

青剛櫟

溫帶常綠闊葉樹（常綠樹）

全年常綠不變紅。葉片有光澤和厚度，耐得住日曬和高溫，但是怕冷。

●日本森林的分布

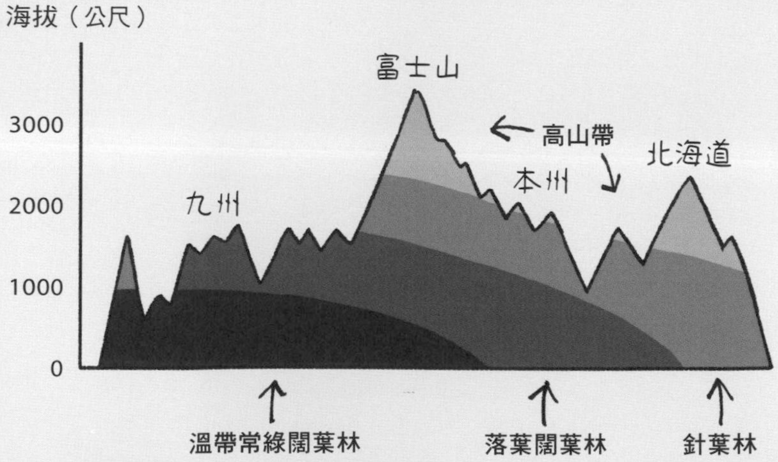
海拔（公尺）
3000
2000
1000
0
富士山
高山帶
北海道
本州
九州
溫帶常綠闊葉林
落葉闊葉林
針葉林

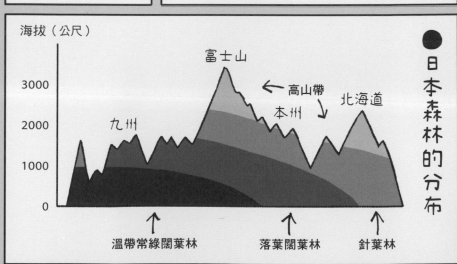

一個地方的景觀，取決於當地的氣溫和雨量。少雨的地方會形成草原、莽原或沙漠。而雨量豐沛的日本，森林面積則相對廣大。

海拔每增加一百公尺，氣溫就下降零點六度，登山就好比往北前進，森林的種類也會一路隨氣溫改變。

人工林

由於針葉樹的柳杉或日本扁柏長得又直又高，便於加工成為木材，因此戰後砍伐了天然林，改種這些樹種。如今日本有四成的森林是人工林。

陽性樹與陰性樹

日本赤松、枹櫟等耐日曬、耐旱的樹種為「陽性樹」。明亮的陽性樹林是剛誕生沒多久的年輕森林，陽性樹林開始茂密之後，光線就無法抵達林床（地面），沒有光線就難以長出陽性樹。這個時候長出的是少光環境可以生長的陰性樹，如天女栲、青剛櫟（溫帶常綠闊葉樹）或日本山毛櫸（落葉闊葉樹）等等，然後森林就漸漸成為老熟林。

草原

沒有養分的貧瘠土地會先形成草原，等土壤漸漸養出來之後，樹木才會慢慢開始成長。

在人工林…
蟲兒不喜歡針葉樹的樹脂，蟲類少，鳥類也少。
所以不但環境安靜，也沒有堅果…
我們住在大柳杉的樹洞裡喔！
日本小鼯鼠
狸貓

先有草原形成，才有人類誕生

生物彼此之間都有些微的差異，這些差異或多或少會遺傳給下一代。在特定的環境中，一個生物要具有某種生存優勢的「差異」特徵，才能倖存並繁衍出下一代，因此，從結果來看，棲息於這個環境中的生物，會擁有與環境相當契合的外觀與生活方式，這個現象名為「適應」。

地球現存的動物與我們人類，都是在適應了環境的劇變之後才出現的。接下來，我們就來快速回顧一下地球的歷史。

地球板塊每年都會移動幾公分，距今兩億年前，所有陸塊集合而成的「超大陸盤古大陸」開始分裂。

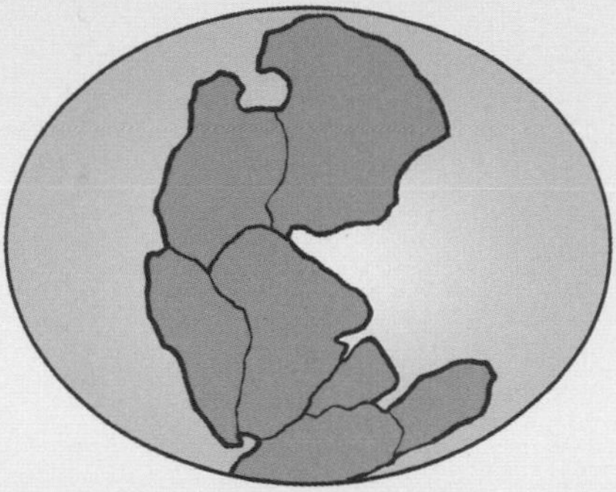

這是約莫六千六百萬年前，地球上的陸塊示意圖。巨大隕石在這個時期撞擊地球，造成恐龍的滅絕，當時所有哺乳類的祖先還過著躲避恐龍的生活，是類似小型鼴鼠的生物。

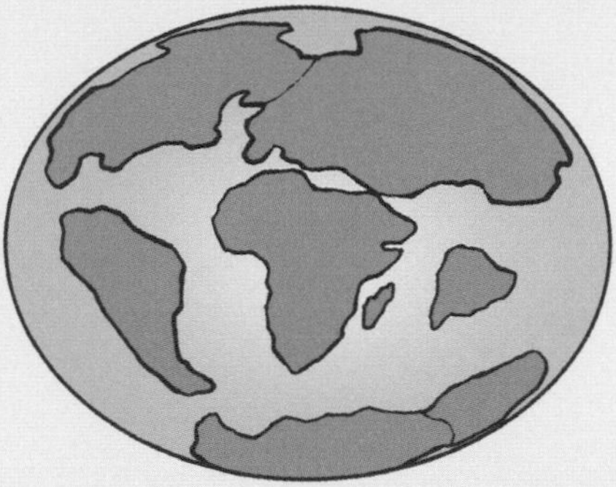

大約五千萬年前，印度大陸移動撞上歐亞大陸，形成喜馬拉雅山。

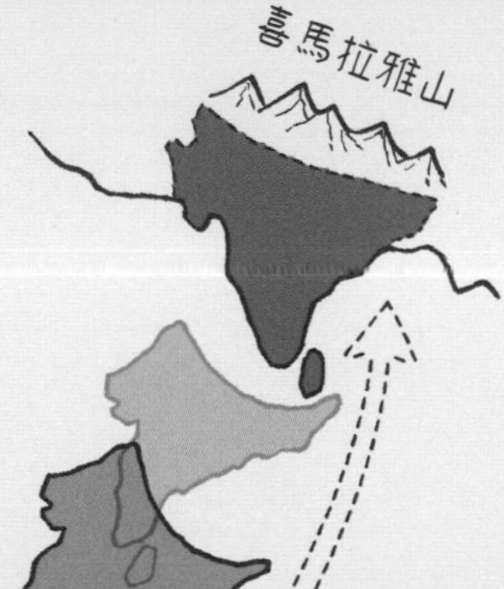

※此時的澳洲已從大陸塊分離，此後也沒有相連過，所以澳洲也在這個過程中演化出特別多種獨特的動物，如無尾熊和袋鼠（有袋類）。

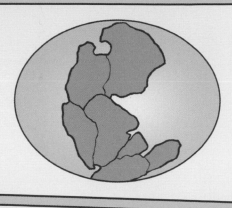

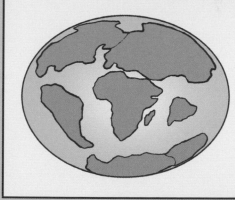

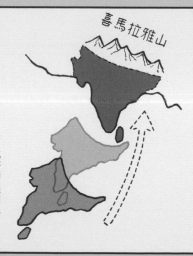

喜馬拉雅山形成後，海流與氣流改變，原本遍地叢林的地球出現了乾燥地帶。

乾燥地帶中演化出耐旱的禾本科植物，地球首次出現了「草原」。

禾本科植物太堅硬，以前生活在森林的動物無法食用，後來好不容易才出現消化得了禾本科植物的動物，也就是牛、馬、鹿等植食動物。於是以植食動物為主食的動物也出現了，例如老虎、獅子、狼等肉食動物。

另一方面，人類的祖先「南方古猿（Australopithecus）」也將居住地從森林遷往草原。

他們開始直立，以雙足步行，空出來的手製造起了工具。

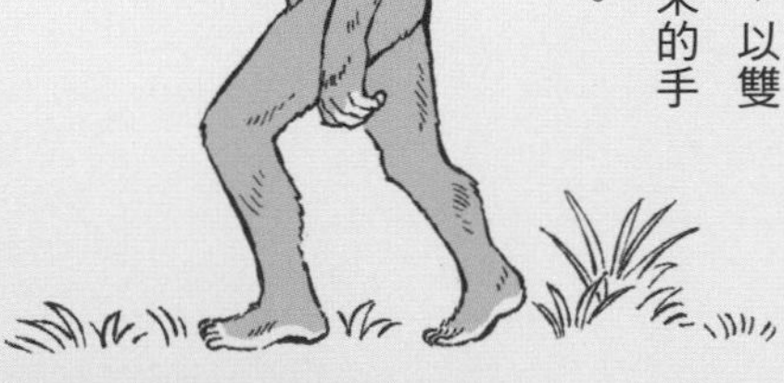

人類之所以為人類，可以說是多虧了草原的出現。

第一章

生而為獸，我好辛苦

№ 1

人怕熊，熊更怕人

有一次，我在休息的時候眺望遙遠下方的山路，目擊了一個有趣的場景。有一頭熊本來緩緩往山上爬，走著走著突然躲進了草叢裡，我正納悶是怎麼一回事，過沒多久，就看到登山客下山。**原來那頭熊是在躲人**。人類悠哉散步的路途中，其實常常和動物擦肩而過喔。

不過，要是熊和人類都沒注意到對方，不小心碰見了怎麼辦？碰到時，**絕對不能轉過身背對牠跑走**，不然牠一定會追上來。此外也嚴禁發出叫聲，不然你的恐懼會被熊感覺到。

此時該怎麼辦呢？**你可以先不慌不忙站起身來，手邊有相機可以拍張照**。我前陣子撞見熊的時候就先緩緩起立，架好相機拍了張照片後，牠一臉「糟糕了」的樣子，自己掉頭走開了。

站起來是為了讓自己看起來更巨大，照相又是為什麼？我猜是**熊會怕相機鏡頭**。自然界有很多生物具有「眼狀斑點」這種**眼睛斑紋**，常見於飛蛾或毛毛蟲身上。鳥類很排斥這種眼睛斑紋，因此一般認為這種斑紋可以驅鳥。

在某項實驗中，有人在牛屁股上畫了眼睛圖案，結果就發現獅子不再攻擊這隻牛了，熊肯定也一樣**排斥眼睛**吧！

熊說

啊，雖說一般的熊看到人類會自己逃走，但是被人類餵食過的熊就危險了。熊的習性是一旦認定「這是自己的」，就會想盡辦法不要被搶走，牠們會靠氣味追蹤人類，所以千萬不要拿任何食物餵熊。

※ 熊的鼻子很靈敏，因此注意不要散發出吸引牠們的氣味（魚、肉或者聞不慣的香水等等）！

№ 2

棕熊打不贏亞洲黑熊？

日本有兩種熊，本州的是**亞洲黑熊**（*Ursus thibetanus*），北海道的是**棕熊**（*Ursus arctos*）。**亞洲黑熊**最愛吃**橡實**或**山毛櫸的果實**，棲息地是落葉闊葉樹林。而**棕熊**適應了堅果少的寒冷土地，會在河裡抓**鮭魚**或攻擊**小鹿**，偏肉食。

幾萬年前，在地球進入全球寒化的冰河期，當時北海道和本州的陸地相連，棕熊直接南下來到本州。不過後來冰河期結束，水溫升高，本州抓不到鮭魚了。棕熊想回北方時，津輕海峽已經形成，無法渡海。南方的亞洲黑熊也在冰河期北遷，一般認為本州的棕熊就是因此而滅絕。畢竟即便棕熊有意驅趕亞洲黑熊，亞洲黑熊也可以**立刻爬到樹上躲避**，而棕熊體型碩大、體重也重，根本不擅長爬樹。**單純比力氣的話，肯定是棕熊勝出，但是，環境也是生存的重要條件之一**。

亞洲黑熊非常善於爬樹，牠們會坐在樹枝上拉近小樹枝吃嫩葉與堅果，吃完之後把樹枝鋪在屁股下方，在自己坐過的樹梢上形成坐墊一般的「**坐巢**」。如果你在山毛櫸上頭發現爪痕，不妨抬頭看看，可能會看到樹上的坐巢。假如看到了不只一個坐巢，代表這是很多熊棲息的**健康森林**。

熊說

我們的活動範圍非常廣泛，一天就可以繞富士山一圈，要是你們住家附近傳聞「有熊出沒」，那就要特別小心了。尤其在橡實產量少的年份，我們常常會離開平常活動的地方，下遷里山覓食。

棕熊

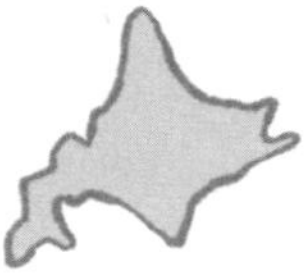

- 分布範圍：北海道
- 基本上住在草原，長大後無法爬上樹
- 體長：約 2～3 公尺（公熊），母熊小一圈
- 體重：150～300 公斤左右，也有 520 公斤的紀錄
- 自己挖洞冬眠
- 全身咖啡色，約一成的個體胸口有半月形白毛（月牙形狀）
- 公熊的活動範圍約 9～90 平方公里

亞洲黑熊

- 分布範圍：本州和四國（九州的黑熊公認已於 1980 年代滅絕）
- 住在森林裡，擅長爬樹
- 體長：約 1～1.5 公尺（公熊）
- 體重：60～120 公斤左右，也有將近 200 公斤的紀錄
- 在樹洞等地方冬眠
- 全身黑。胸口有白色半月型的毛，但約一成左右的個體沒有白毛
- 公熊的活動範圍約 7～20 平方公里，有些地區的公熊活動範圍更大

No 3

在冬眠中生下小孩的熊媽媽

★熊穴是透過熊的體溫與呼吸保持溫度，讓雪的表層融化後再結冰，如此一來，即便外面是零下四十度，洞中也不會低於零下四度。

美國在一項研究中使用了人造衛星和發報器，研究指出，晚秋降下初雪時，熊群會同時朝冬眠的巢穴移動。冬眠巢穴距離牠們六十公里，是牠們長大的地方，在經歷兩、三天時間抵達巢穴附近後，熊群就會等待積雪的時刻來臨。

牠們等的是**直到春天才會融化的雪**。某天下起了大雪，但是牠們那天始終沒有入穴，原因就是這場大雪會融化，牠們似乎知道這場雪是不是自己要的。在某個氣溫驟降、出現一點小雪的日子，熊入穴了。這場小雪開始堆積，沒有融化，雪一直下個不停，直到把洞口都掩埋住了★。

我沒有進去過熊穴，不過我知道裡面的空間很狹小。最驚人的是，**母熊在睡得昏天暗地的同時還會生出小熊**。大約一月底到二月上旬，熊寶寶會爬到沉睡中的母熊身上找奶喝。即使是冬眠中，熊的體溫也只會降到三十五度左右，因此熊寶寶喝得到熱的母奶。其他的動物在冬眠時，體溫則會降到個位數，冬眠中的熊卻只下降幾度而已，不知道是不是因為牠們體型大，總之，箇中緣故還是個**謎團**。

冬眠的大型動物只有熊，牠們可以不吃不喝，而且心跳變慢，呼吸的頻率一分鐘也只有一到三次，就這樣在睡眠中度過沒有食物的冬天。

熊說

南方全年都有食物，所以南方的熊不會冬眠。而北極熊為了捕捉海豹，要行走很長的距離，因此牠們也不冬眠（有些北極熊會在近乎冬眠的狀態下行走），母熊則要為了生產而冬眠。

No 4

難道棕熊改吃全素了？

我在前面提到棕熊偏肉食，但其實牠們最近似乎已經徹底植食化了。我們調查骨骼就可以知道動物吃了什麼、吃了多少，學者研究以前的棕熊骨骼時，發現明治到大正以前（一八六八至一九二六年），棕熊有六成食物是蝦夷鹿（*Cervus nippon yesoensis*）或鮭魚，最近卻**下降到只剩百分之五**，變得極少吃肉。可能的原因是人類四處施工，導致棕熊越來越難抓到鮭魚。

熊的食物選擇通常會存在著個體差異，比起本能，後天學習的影響更大。幼熊時期跟著母熊到處跑，母熊會**告訴牠們什麼東西可以吃**，因此有些熊吃水芭蕉（*Lysichiton camtschatcensis*，又名臭鼬白菜花），有些不吃，不同區域的情況也不盡相同。

據說把斑馬屍體送到在動物園被人類養大的幼虎面前時，牠們會做出四處咬的動作，但是沒有吃的意圖，原因就是**牠們不知道斑馬可以吃**。

透過這件事我們同時會發現，**攻擊是一種本能**，因此不管再怎麼熟悉人類的熊，都可能猛然攻擊人類。攻擊的原因很多，不過導火線大多是「**急促的動作**」。總而言之，**千萬不可以餵食熊類**，要是牠們學到「人類有好吃的」這件事，就會為了搶食物而攻擊人類。

熊說

我也喜歡吃螞蟻喔，想知道我的大手是怎麼抓螞蟻的嗎？只要一屁股坐在蟻塚上，把手放上去，螞蟻就會為了攻擊爬上來，然後我只要舔舔手就好了。

№ 5

山豬的腿雖然短，卻是游泳健將

山豬**大多出現在日本列島的南半部**，為什麼呢？那是因為山豬的腿很短，而且以鼻子翻攪地面尋找食物是牠們的習性，所以牠們**不喜歡雪地**（不過最近受到暖化的影響，岩手縣和秋田縣都有人目擊山豬）。然而，腿短的牠們卻是**游泳高手**。聽說有些法國的山豬一進入狩獵期就會橫渡大河逃去瑞士，讓獵人懊惱不已。其實四足步行的動物下水時，只要身體保持水平，鼻子自然會露出水面，可以用狗爬式划水前進★。

山豬**非常喜歡水**，性喜在湧出細水的山中「**泥坑**」打滾，讓**全身沾滿泥巴**。這個行為名叫「**泥浴**」，洗完泥浴後，再去磨搓附近的松樹或其他大樹，去除身上的泥巴。一般認為磨搓完之後，牠們身體上的蜱蟎或跳蚤類寄生蟲也會與泥巴一併脫落。對山豬來說，泥浴相當於洗澡，公豬、母豬和幼豬都有泥浴的行為。

山豬還會在松樹等大樹根部上四十公分的地方搓自己的獠牙，這個行為名為「**磨牙**」。由於磨牙時會滲出松脂，以身體去磨蹭樹幹，除了能去除泥巴，也能讓**松脂**抹在自己身上。松脂乾了之後堅硬無比，身上有凝固的松脂，就如同穿上鎧甲一樣，所以從前的獵人都說這些山豬**刀槍不入**。

★熊也是著名的游泳健將，在二〇二二年七月，日本的新聞報導指出，有一隻熊出現在距離北海道五十公里的利尻島。除了游泳，沒有其他方法能抵達那裡。

山豬說

我們的肩膀到頭部有非常堅硬的毛，生氣的時候會豎起來，變成一顆刺蝟頭。

那座島上可能有美味的橡實。
好，那我就來去瞧瞧。
划啊ー
划啊ー
喔喔，對面有一隻熊游過來了。
嘩啦ー
嘩啦ー
哈囉！熊仔，你也去了那座島嗎？
我去找老婆，結果沒成功，不過，那裡有很多橡實喔！
大家都很辛苦呢。

№ 6

山豬個性謹慎，但是該衝的時候就會衝

山豬是用突出的長吻鼻部翻挖地面，牠們的**嗅覺靈敏**★，平時到處聞來聞去的，找到蚯蚓、昆蟲幼蟲等無脊椎動物，或是橡實以及草根，**推開石頭就吃**——蚯蚓也是有氣味的。早春吃葛根或竹筍，秋天吃胡枝子根或山藥，若是看到四處都有像是**用鋤頭翻過土的痕跡**，就代表山豬來覓食過了。

山豬的吻鼻部不只能感知氣味，還可以用來確認陌生物品的觸感，而且山豬親子打招呼時也會用到吻鼻部。另一方面，吻鼻部很堅硬、不易受傷，可以搬動五十到七十公斤的岩石。我出於好奇，想知道吻鼻部會不會感覺到痛，摸過小山豬的之後，發現吻鼻部的觸感又硬又有彈性，**就像輪胎一樣**。我也試著餵了帶殼的栗子給牠，牠用吻鼻部和豬蹄既輕鬆又靈巧地剝開了殼，然後吃掉裡面的栗子。

山豬的個性非常謹慎，照理說是不會攻擊人類的，不過，發情期的公豬或被逼入絕境的山豬，那是很可怕的。只要牠們衝向前往上一頂，**人類就會直接被撞飛到幾公尺外**，若是山豬尖銳的獠牙剛好刺穿大腿，還有可能成為致命傷。公豬的獠牙是會不斷生長的下犬齒，下犬齒與上犬齒會互相摩擦，把邊緣**磨得像刀子一樣銳利**。

★山豬的鼻尖只有長一點毛，平常都保持濕潤，一般認為濕潤的鼻尖沾上氣味分子後，就能保留住這個氣味。

山豬說

日本最大的山豬，體長一點八公尺、體重約兩百公斤，不過俄羅斯有體長三公尺、體重超過三百五十的巨大山豬！

推動—
♪
推動—
聞……
聞……
用力力力力力—
推
推
推
推……
推
……
推—
轟！！
刷新個人紀錄！
流汗真舒服！
呼！
泡澡真是不錯。
泥坑

No 7

家豬繁衍大約三代就會變回山豬

★在成年（有繁殖力）後依然保有幼時的特徵，而且好奇心旺盛、喜愛玩耍的幼獸特徵也會繼續保留，這個現象就叫作「幼態延續」。

馴化的山豬就是**家豬**，但是家豬的獠牙沒有山豬明顯（話雖如此，還是曾有家豬因為受到驚嚇而刺到飼主，導致飼主重傷）。經過人類經年累月的飼養後，動物的面貌是會產生變化的。

其實若不是個性溫馴又合群的動物，本來就無法成為家畜，人類以前試過各種動物，想知道能不能飼養。同血緣的山豬在育幼時會群聚，相比之下也更多子多孫（一次平均產四、五頭），因此適合當家畜飼養。

野生動物在馴化後通常會出現類似的特徵。舉例來說，①**長出白毛**，比方說有粉紅色的家豬，有白色的雞和兔子，也有黑白斑點的牛。白色種在雪原之外的地方太過顯眼，使得野生的白毛動物遭到淘汰，而人類飼養的動物能得到百般照顧，白色型也就變多了。②**容貌幼態化**★，比如說家豬的吻鼻部比山豬短，狗鼻也比狼鼻短。這個原因可能與人類餵食類似離乳食的軟質飼料給牠們有關係。除此之外，馴化動物的尾巴肌力會下降，因此，③**尾巴可能變捲**。

不過，一般認為馴化的家豬野放後，就算沒與山豬交配，**繁衍大約三代就會變回原本的山豬**，不但毛色會黑回來，吻鼻部也會變長。

家豬說

我們家豬在法國也被用來尋找高級的菇類「松露」喔。松露含有少量的公豬賀爾蒙成分，因此能夠吸引母豬。

№ 8

自然紀念物日本睡鼠因貪睡而倖存

日本睡鼠（*Glirulus japonicus*）在日本稱為「**山鼠**」，嚙齒目的牠們是老鼠的親戚。平常的活動就是從樹枝走到樹枝，過著吃果實、花粉和昆蟲的生活，連蟬也吃。白天在樹洞中休息，夜裡才出來活動。

日本睡鼠的有趣之處，在於牠們會在落葉下或樹洞中冬眠，也常常從小小的縫隙中鑽進山間小屋，在棉被裡頭冬眠。睡覺時，用尾巴圈住自己的身體維持體溫。

不同於熊類，日本睡鼠在冬眠時，三十七度的體溫會**下降到零點六度左右**，摸起來冰冰涼涼的，讓人擔心是不是沒命了。不過別擔心，牠們還活著。**從零點六度恢復到原本的體溫只需要一個小時左右，只是會消耗大量的熱量**，因此若是看到沉睡中的日本睡鼠，千萬不要吵醒牠們喔。此外，睡覺的地方下降到零度以下時，牠們的棕色脂肪組織會發熱，讓牠們醒過來轉移陣地。

睡鼠大約在五千萬年前就出現在地球上，生存至今幾乎沒有改變過樣貌，因此被稱為「**活化石**」。牠們可以適應沒有食物的冬天，又獲得了冬眠的能力★，**才能在無數次的冰河期中倖存下來**。有一項關於榛睡鼠（*Muscardinus avellanarius*）的調查，發現牠們是夏天也在地底下睡覺的貪睡鬼。一般認為牠們在糧食短缺的時候，可能就會**開啟「快快睡狀態」**。

★日本睡鼠縱使是夏天入睡，體溫還是會受氣溫影響，降到十度左右，開始活動時體溫就上升，透過這種方式節省能量，就某個意義上來說，是「變溫動物」。

日本睡鼠說

我們春天在樹洞或樹枝分岔處蓋出球形的小窩生小孩，窩巢是蒐集苔蘚、樹葉或樹皮編成的。內側鋪上最軟的苔蘚，讓窩裡面軟綿綿的！要是懶得築巢，就會搶占附近的鳥巢來用！

四月
暖呼呼~
體溫 0.6 度
呼啊…
該起床了…
一小時後
呆~
體溫 37 度
肚子餓了。
沙沙沙沙…
※日本睡鼠可以掛在樹枝上倒著跑!!
咕嚕咕嚕
樹液
總算清醒了~

№ 9

健忘的松鼠無意間擴大了森林的面積

松鼠大致可以分為地面活動的松鼠（地松鼠）和樹上活動的松鼠（樹松鼠）兩類★。

日本的地松鼠是北海道的**西伯利亞花栗鼠**（*Tamias sibiricus*）。晚秋時節，牠們會挖出深達一公尺的洞冬眠。日本睡鼠是把自己吃胖之後才冬眠，花栗鼠則是在**冬眠的小空間裡囤積橡實**。牠們的雙頰很鼓，左右各可以囤積三顆普通大小的橡實，秋天期間孜孜不倦地搬運食物到冬眠房存放。冬眠期間，牠們每七到十天醒來一次，吃著囤積的橡實，排完尿後繼續睡。**廁所也會妥善建在下方的房間**。

另一方面，本州的**日本松鼠**（*Sciurus lis*）則是**在樹上生活的樹松鼠**。牠們不冬眠，不過秋天期間會到處埋橡實或胡桃，並且覆蓋上落葉。這樣一來，冬天肚子餓的時候，就可以挖出來吃了。

牠們會記住埋藏地的大致地形，憑著氣味挖出來，可惜的是，**牠們有時會忘記自己把橡實埋在哪裡**。入春後，被遺忘的橡實或胡桃冒出新芽，從結果來說，**森林的面積也就此擴大了**。

★這兩種松鼠的差異很大，甚至無法繁衍後代，雖然外觀相似，但與綿羊和山羊的例子相同，都是不同的動物。

松鼠說

橡實不可以全都放在同個籃子裡，要分散在各地。除了有些狡詐的松鼠會偷走別人用心藏起來的橡實之外，大林姬鼠也常常當小偷！

西伯利亞花栗鼠

（亞種，蝦夷花栗鼠）

- 分布範圍是北海道
- 主要在地面生活
- 會冬眠

日本松鼠

（本島的松鼠）

- 分布範圍是本州
- 主要在樹上生活
- 不冬眠

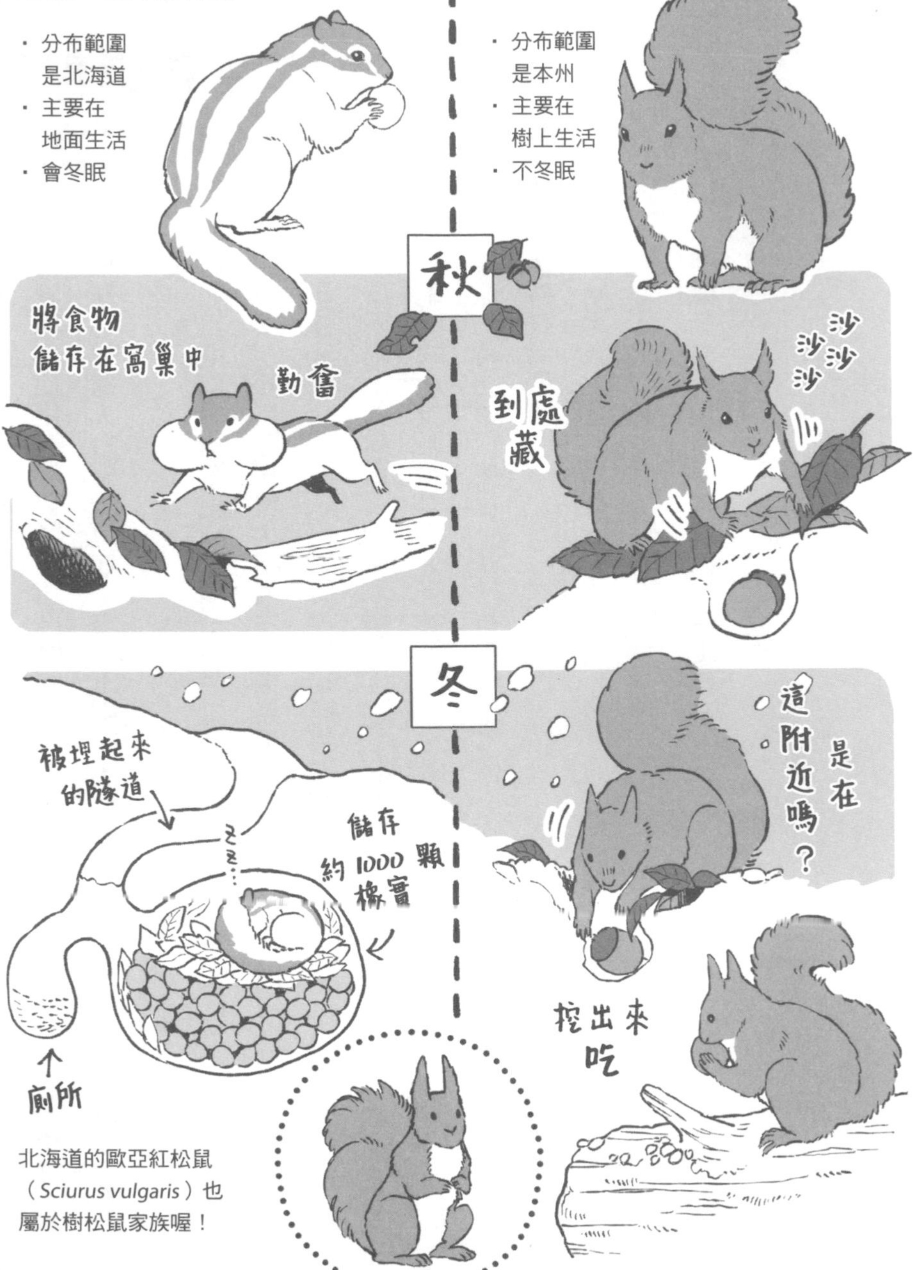

秋
將食物儲存在窩巢中
勤奮
到處藏
沙沙沙沙
冬
被埋起來的隧道
ZZ…
儲存約1000顆橡實
廁所
這附近嗎？
是在
挖出來吃

北海道的歐亞紅松鼠（*Sciurus vulgaris*）也屬於樹松鼠家族喔！

No.10

花栗鼠在緊要關頭可以斷尾求生

松鼠毛茸茸的尾巴具有很多功用：走在樹枝上可以保持平衡，跳躍時能夠當**降落傘**使用，減緩降落速度的同時，也能減少著地的衝擊力。睡覺時又像**棉被**，也有人目擊松鼠在下雪、下雨時，把尾巴**當傘遮在頭上**，雙手抓著堅果吃。

松鼠的尾巴與狗尾巴一樣，有表達情緒的功能。看到蛇類天敵，很緊張的時候，**松鼠會緩慢大幅度左右搖晃尾巴，拍打腳下的樹枝**。這是一種**滋擾**（**mobbing**）行為，透過佯攻威嚇達到驅敵的效果。除此之外，搖尾巴也是在暗示周遭的松鼠：「敵人出現了」★。

尾巴的功能雖然很多，但是花栗鼠的尾巴**一抓就會輕易斷開**。與蜥蜴被敵人抓到時的原理接近，就是斷尾求生。但不同於蜥蜴的是，**松鼠的尾巴不會重新長出來**。

斷尾後脫落的只有表層的毛皮，剩下的尾骨則是漸漸斷裂消失。我每次在山上看到短尾的松鼠都在猜想：「牠怎麼了，沒有尾巴應該很辛苦吧！」同為囓齒目的還有**日本睡鼠**和**日本姬鼠**（*Apodemus argenteus*），牠們的尾巴也很容易斷，千萬不要亂抓喔。

★提醒各位，牠們不是出於善意的警告同伴，對野生動物來說，自己和孩子是第一優先，「快逃」是要警告小孩的，對於其他人則是要保密。

蜥蜴說

你們千萬別抱著玩玩的心態抓我們的尾巴啊，雖然尾巴會重生，但沒有原本的完美，新尾巴是軟趴趴的軟骨，長度也比較短一些。

咬咬咬咬…
收下♪
咻
啊…
啊…
滾滾滾
甩！甩！甩！甩！
怒
討厭
遇到幼鼠的蛇類天敵時，
幾隻赤腹松鼠會聚集起來
進行「群聚滋擾」。
甩！甩！甩！甩！
唔喔喔喔喔喔
甩！甩！
此時加州地松鼠的
尾巴溫度上升，威嚇
能偵測紅外線的響尾蛇。

№ 11

松鼠吃橡實是情非得已

有一次我在裏高尾的溪邊吃午餐時，有一片一片的東西掉了下來，那是還很綠的胡桃果肉，於是我抬頭一看，看到松鼠用雙手剝著殼，在吃果肉。

我總覺得松鼠並不是那麼喜歡橡實，橡實含有大量的**單寧**，這是種又苦又有毒性的物質，因此人類沒有辦法生吃橡實，而動物也沒有無敵鐵胃，**牠們需要先「習慣」**。

有項研究指出，先把少量的水楢橡實混在其他食物中餵食大林姬鼠，這些大林姬鼠以後只吃橡實也不會有事，但是如果突然餵食大量的橡實，大部分的大林姬鼠都會被毒死。看來如果是循序漸進，老鼠某種程度上是消化得了單寧。

因此，松鼠大概比較喜歡單寧少的**胡桃**或**松子**，單寧多的橡實則是類似於冬天的緊急存糧吧。

假如秋天在山上看到**一分為二的胡桃殼**，或許這是松鼠的食餘（大林姬鼠會留下圓孔）。此外，松鼠吃完松毬果鱗根部的**松子**之後，只會留下果軸，而吃剩的果軸長得與炸蝦一模一樣，因此被稱為「**松鼠的炸蝦**」。我們在地上時不時能看到這些炸蝦，在食物短缺的冬天不妨四處找找看，滿有趣的。

邁向老手松鼠之路！

松鼠說

胡桃怎麼吃才好吃？首先，把下門齒卡在中央的溝槽，用「槓桿原理」把胡桃撬成兩半，撬開的殼要疊成碗的形狀來吃，這樣才符合餐桌禮儀。

№ 12

可愛巢鼠會搭建草搖籃

我們在春天到秋天之間去雜草★叢中會看到草莖之間夾著**壘球狀的草團，樣子如同懸在空中**，這是巢鼠的窩。

巢鼠是**日本體型最小的老鼠**，大小約五到六公分，體重約七到十四公克，東北地方的南部是分布的北界。牠們用前腳和嘴巴夾著葉片，製作成漂亮的圓形窩。一開始造在低處，隨著雜草長高，窩巢也越長越高。如此一來，**蛇爬不上來，洪水氾濫也不成問題**，說得上設計相當精良。這種築巢方式多半不是透過後天學習，而是天生的本能。一般的後天學習要透過協助親鼠或練習，不過我沒看過巢鼠這樣做。

巢鼠在「搖籃」中悉心鋪上了芒草的花穗當作**蓬鬆的床鋪**，幾隻巢鼠寶寶一起睡，母鼠過來餵完奶後離開。前往河邊或山中時，倘若發現一片草原，不妨去找找看牠們的窩，從外部觀察看看。要是碰到了窩，親鼠常常會擔心危險而**棄巢**，導致窩中的幼鼠死亡，因此記得靜靜觀察就好了。

牠們冬天會在地上的枯草間或地底隧道生活，冬天捨棄育幼巢後，便不會再重複利用，這個時候就可以偷看窩巢內部了。東北地方南部以北沒有巢鼠，可能是因為牠們不喜歡下雪。

★芒草、蘆草、白茅等莖長的禾本科叢生草類。

草叢
白茅、蘆葦、芒草等等↓
咻ー
咻ー
巢鼠是體長約五公分的小老鼠。
尾巴捲在草上防止自己掉下去。→
牠們利用草叢築巢。
（春、秋生產）
把草捲在這裡築巢。↑
春天
啊！是隔壁的東方大葦鶯。
嗨，今天天氣也很好呢。

巢鼠說

在草叢中移動時，我們的尾巴會像藤蔓一樣纏繞在草上，以免自己掉下去。我們以草類的種子為食，不太吃米，因此在田邊築巢也不會惹人厭。

№ 13

大林姬鼠越來越善於吃胡桃

大林姬鼠（*Apodemus speciosus*）是野生老鼠，分布在平地到亞高山帶草原之類的開闊環境（不同於住在家中的「家鼠」，牠們非常可愛）。

牠們和松鼠都吃胡桃，但是吃法不一樣。松鼠會把胡桃撬成兩半，大林姬鼠則是用門齒**啃胡桃側邊**，**打開一個小圓孔**，接著用下顎的門齒和舌頭挖出胡桃仁，吃得一乾二淨。而且胡桃仁是先吃一半，再吃另一半。

不過剛離巢的大林姬鼠似乎沒有學過進食方法，被飼養的牠們被餵食胡桃也不懂得要先開孔，只會對著堅硬的外殼啃個不停，等外殼支離破碎後才吃胡桃仁，整個過程事倍功半。

大部分的大林姬鼠在小時候都因為親眼看過，因而知道**胡桃裡面有好吃的**，也會想要啃啃看。儘管一開始不得要領，漸漸上手後，就懂得在側邊開孔吃完整個胡桃仁。經驗的累積讓牠們事半功倍。

大林姬鼠不會冬眠，入秋後就在地洞巢穴附近囤積胡桃和橡實。冬天期間不時吃吃存糧，吃完就**把外殼丟到地洞出口附近**。如果是積雪很深的地方，等入春融雪會看到好幾十個胡桃殼小丘，這些小丘就是地洞的出口，尋找這些食餘也滿有趣的呢！

大林姬鼠說

「日本姬鼠」是比我們小一點的老鼠，牠們擅長爬樹，大半天都在樹上生活。爬樹的動物通常有長尾巴，可以靠尾巴來分辨。

掃除——
掃除——
施工中
沙
沙
沙
沙
前往秘密儲藏庫
出入口
鼴鼠的路
日本鼩鼴的窩
緊急出口
冒出
大林姬鼠的窩
咻咻咻咻
哇！
外面竟然颳大風啊。
秘密儲藏庫
窩巢
出口（至少2處）
與鼴鼠和日本鼩鼴的洞穴相通喔！
通往鼴鼠的主要幹道

№14

野生老鼠的眼睛會發光

野生老鼠是**夜行動物（夜間活動的生物）**，平常不容易見到，如果想見牠們，可以趁白天找出牠們可能出沒的幾個洞穴，並用小盤子裝個大約十顆葵花籽，放在各個洞穴附近。等天色變暗時去巡視這些小盤子，要是葵花籽減少，就代表野生老鼠來過，只要在旁邊等待，晚上七到九點左右，牠們（應該）就會登場了。

哺乳類**基本上都是夜行動物**，棲息於日本而且單純在白天活動（晝行）的哺乳類只有**日本獼猴**與**松鼠**。鹿和日本髭羚的活動時間包含白天與黑夜，但牠們喜歡的是**清晨與黃昏這種天色昏暗的時間**（晨昏性）。哺乳類多夜行是因為恐龍稱霸地球很長一段時間，哺乳類的祖先都過著在**黑暗中四處逃竄的生活**，適應了漆黑的環境。

野生老鼠的眼睛被光照到會**發亮**也是這個緣故，牠們眼底有一層銀紙般的膜，名叫「**明朗毯**」，這層膜會**反射光線**。光線反射後讓視網膜（感光膜）二度受到光照，因此，僅有微量的光也能見物。不過二次感光似乎會讓畫面比較模糊，也就是說，大部分哺乳類的視力都很差，只有夜間視力好。此外，哺乳類的爬行類祖先具有**四種**感知顏色（四原色）的感覺受器，而哺乳類的感覺受器在夜間生活之中退化，只能**感知兩種顏色**（二原色）★。

★只有人類等靈長目是例外，我們的視力在進軍白天的世界後好轉，而且感應器經過改良後，已經能夠辨別綠色與紅色了（變成三原色）。

動物眼中的世界

雖然人類看起來是這樣……
色彩繽紛
在熊的眼中卻是這種感覺。
模糊~~~…
人類是三色視覺，貓狗熊等多數的哺乳類則是二色視覺。
無法分辨紅、綠色。
雖然看不清楚，但還是靠嗅覺找吧。
鳥類除了藍、紅、綠以外，還可以辨別紫外線，是四色視覺。
鳥兒啊鳥兒，吃了我替我傳播種子吧。
我給你花蜜，你幫我傳花粉。
啪
啪
啪
啪
啪
啪
動態視力優異的貓狗，可以清楚看見動態的東西。
定格

野生老鼠說

我們是以短波長（藍）與長波長（綠）的二原色看世界喔，由於看不見紅色（只知道亮度），你們可以把紅色玻璃紙包在手電筒上觀察我們。如果能夠辨別紅色和綠色，這樣找起水果應該會更容易吧。

松鴉擴大了橡實森林的面積

身為鴉科鳥類，松鴉（*Garrulus glandarius*）算是難得漂亮的成員。大小與鴿子相仿，頭頂毛色黑白交雜，整體顏色樸素，不過一部分的羽毛（小覆羽）是藍黑條紋，相當美麗。**在山中看到藍黑條紋的翅膀，多半就是松鴉**。一如大林姬鼠，松鴉也會把橡實埋起來過冬，準備期間得來到地面，所以這個時候容易被其他動物盯上，也容易掉羽毛。

橡實森林（山毛櫸或水楢森林）喜歡冬天極冷、夏天不太熱的環境。冰河期結束、氣溫變暖之後，過去分布在關東附近的橡實森林一路向北擴張。吃橡實的繩文人也與森林一同往北，約在四千年前抵達北海道的稚內。這樣粗略計算起來，**橡實森林在五千年間就移動了一千公里**。橡實不是只會滾到幾公尺之外嗎？這是怎麼辦到的？幕後功臣就是松鴉。大林姬鼠雖能夠搬運兩百公尺左右的距離，松鴉卻會飛到一公里外藏起橡實。

據說，松鴉在一季藏起來的橡實可多達四千顆，似乎還會**以附近的石頭或樹枝的排列當作記號**。某位博士曾對灰噪鴉（*Perisoreus canadensis*，松鴉的親戚）做實驗，如果在灰噪鴉埋完橡實後，稍微移動石頭或樹枝的位置，牠們以後飛回來就會找錯地方。順帶一提，松鴉也是知名的模仿高手，熊鷹、黑鳶和貓叫聲都難不倒牠們。松鴉記得自己幼鳥時期聽到的聲音，但**目前不清楚牠們模仿的目的是什麼**。

松鴉說

我們有喉囊，在搬運橡實時，喉囊會裝幾顆（至少四顆），口中也銜一顆，到目的地再一顆一顆吐出來埋蓋，很靈敏吧！啊，山雀類和啄木鳥類也會儲藏食物喔！我們藏的都是自己喜歡的食物。

No 16

在寒冷日本努力求生存的白鼻心

白鼻心原本是南方的生物，也被說是外來種，不過，早在江戶時期的繪畫中，白鼻心便已經以「**雷獸**」這個名字登場，所以牠們進入日本應該有一段時間了。白鼻心的數量在戰後急遽增加，也開始被稱為「**害獸**」。有人說白鼻心可能是戰爭時被引進的，目的是用牠們的毛皮製作飛航人員的帽子，但是，南方動物的毛皮並不是很優質啊……

在富士山海拔偏高的地區也有牠們的身影，甚至出沒在五合目的森林（海拔約兩千公尺）。比較神奇的是，**牠們的尾巴竟然還在！**南方動物**在日本過冬是非常不容易的**，畢竟冬天很容易**凍傷**。天氣一冷，血管就會收縮，避免浪費熱量，血流不順暢就容易形成「凍瘡」。而天寒地凍的氣候若是持續下去，血流就會完全停止，造成皮膚組織壞死，這就是所謂的凍傷。凍傷好發於手指、鼻子等身體末稍部位，攀登雪山時，凍傷是會出人命的，寒冷地區的原生種動物通常自有一套防範凍傷的構造，可以想見白鼻心吃了多少苦頭。

靈貓科動物白鼻心是貓的祖先的分支。牠們腳底幾乎無毛，肉球分裂，可以夾住細枝，算是爬樹高手。有趣的是，牠們後腳三、四趾的間隔比其他腳趾更靠近。順帶一提，無尾熊和袋鼠的後腳二、三趾完全**黏合**在一起，一根腳趾有兩爪。

靈貓說

我們的臭腺很發達，雖然臭烘烘的，不過人類覺得稀釋再稀釋之後就會有股莫名的香氣，於是便拿去做成了香水。而且我們吃了咖啡豆之後，人類會從糞便回收，製作成高級咖啡……人類真的很奇怪耶！

白鼻心

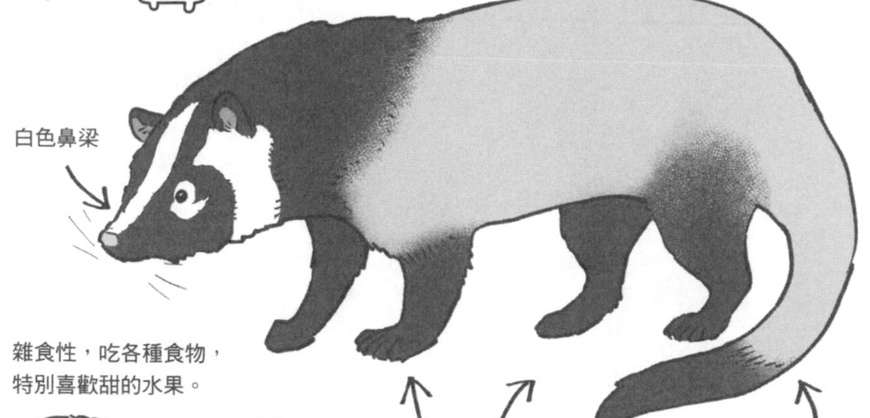

№ 17

浣熊的「浣」是洗東西的「浣」

浣熊原本是北美的動物，以前一部叫《小浣熊》的動畫蔚為流行，於是浣熊就被引進日本當作寵物。但是野生動物的性格比較兇暴，很多人養不下去便任意棄養，導致浣熊最後在日本落地生根了。許多人罵浣熊是害獸或外來種，但**真正的重點應該是牠們究竟在日本的山中扮演什麼角色**。而外來物種在進入當地的生態系統時，會對環境帶來什麼樣的衝擊影響，也是身為人類的我們應該要謹慎處理的問題。

浣熊原本是在水邊捕食螯蝦或青蛙的動物，因此前肢非常有特色，**掌心幾乎無毛**，或許無毛能讓觸感更為敏銳。有時候餵食浣熊水果，**牠們會把水果放進水中，做出清洗的動作**，於是才有了「浣」熊之名。

過去有人認為，只有**在動物園裡百無聊賴**的浣熊才會這樣做，野生浣熊在水邊捕捉獵物的模樣縱然很像在清洗沒錯，但並沒有實際的清洗行為。然而最近又有人發現，日本的野生浣熊在**吃毒蠑螈或蟾蜍的時候，會把食物放在地面來回摩擦**，摩擦之後可以讓毒性減少，因此洗東西或許與牠們在水邊用力清洗毒蛙的習性有關。

浣熊說

我的五根趾頭都與掌心相連，足跡就像人類的掌印一樣。我最擅長用前腳抓東西了！

浣熊
我的特徵？
我的手很靈巧，很聰明！
呵呵呵
這點小機關我還打得開。
人孔蓋
門勾鎖
西瓜差不多可以吃了吧～
啊！被吃掉了！
開一個小洞後挖來吃。
白鼻心則會吃成這樣。
浣熊好聰明啊ー
吃吃
吃玉米時，也像人類一樣剝開苞葉，只吃種子。

№ 18

日本鼯鼠打造的窩人見人愛

日本鼯鼠（*Petaurista leucogenys*）在日本又名「**飛天坐墊**」，前後腳之間連著一片「飛膜」，飛膜張開與坐墊的大小差不多。飛膜鼓著風就能在樹與樹之間**滑翔**，日本鼯鼠曾留下滑翔**超過兩百公尺**的紀錄。

牠們住在樹洞裡面，不過挖樹洞的不是牠們自己。最一開始在樹上打洞的是**啄木鳥**，牠們用鳥喙打出側邊的洞，往下開挖三十公分左右，直接在洞底生蛋。在幼鳥離巢後，這個窩巢就會被棄置，隔年**白頰山雀**和**雜色山雀**會來重複利用——牠們會認真鋪好巢材，先鋪滿苔蘚，再從其他地方蒐集動物的毛做成床。動物毛有油脂，可以防水、防寒。此時，日本睡鼠（頁48）會入侵吃鳥蛋或雛鳥，甚至可能鼠占雀巢。

經過幾年之後，鳥窩周圍枯死，洞穴越擴越大，這個時候，更大一點的動物也會來搶住，包括**日本鼯鼠**、**松鼠**、**貓頭鷹**等等。如果樹洞太小，日本鼯鼠就會開「啃」擴建，並蒐集苔蘚和樹皮，將樹洞改建成舒適的家。

日本鼯鼠打造的家，人人都喜愛，貂或**白鼻心**也會入住。經年累月下來，樹木正中間枯萎，從上到下都變成空洞後，就會淪為空屋了，最後可能是森林裡的**蝙蝠**來定居。

日本鼯鼠在夜裡常常會移動。
還想要更多巢材啊。
貓咪大小
去拿一些吧。
啪
抓住
沙沙沙沙～
日本鼯鼠的移動靠滑翔與攀樹。
降落姿勢滿分……
這樣應該夠了吧——
咬下來的柳杉樹皮
唉呀，天快亮了，
快回家睡覺吧。

大樹說

樹洞的形成還有其他原因，有時候是樹枝斷裂後，真菌從傷口入侵，分解木頭後形成的。只要樹幹的表層還活著，水分和營養就能往上送，因此即便樹幹中空，通常也活得下去。

日本鼯鼠吃樹葉時會先折成兩半

要觀賞日本鼯鼠，建議在已經落葉的冬天到初春這段期間，訣竅如下：

①樹洞沒有蜘蛛網、感覺很好住，洞口大約十公分（母鼠在一百平方公尺的領域內，交替住在二到八個窩巢；公鼠沒有領域性，在一百五十平方公尺的活動範圍遊蕩。牠們通常是住在高大的柳杉或櫸樹林）。

②可以攀爬的樹皮被剝開，表面變平滑或起木屑。

③附近找到藥丸形狀的糞便（牠們是完全的植食性，糞便會有點臭，但細聞似乎又有股燒香的香氣）。

④樹葉上留著左右對稱的食痕（嚙齒目的日本鼯鼠上下排都有門齒，因此會留下漂亮的食痕。用餐時單手拿葉片，折成一半後再吃，樹葉落地後攤開就能看到左右對稱的齒形，有時是圓的）。

先鎖定牠們可能出沒的地方，等日落三十分鐘後就是日本鼯鼠的活動時間。此時可以先耳聽八方，樹上「沙沙沙」的移動聲或「啪啪啪」的啃食聲，可能就是來自日本鼯鼠。獨特的叫聲「咕嗚嗚、咕嗚嗚」，是用來告知周遭自己的存在，尖聲一點的「啾嚕嚕、啾嚕嚕」則是警戒聲。牠們是夜行動物，不喜歡刺眼的光線，觀察牠們的時候，請把紅玻璃紙包在手電筒上（牠們看不出紅色，但看得到光線，所以不要直接照牠們喔）。

松鼠說

日本鼯鼠在夜間行動，不會遇到白天活動的我們，這就是所謂的「棲位分化」。
除此之外，日本鼯鼠和日本小鼯鼠都在針葉樹林生活很久了，吃得了那種很硬的樹葉——樹脂的臭味那麼重，竟然吃得下去啊！

日本鼯鼠的食痕

啪啦
啪啦
把葉子折成兩半吃。
左右對稱的洞可能是日本鼯鼠的食痕。
有時候會折兩折吃。

有一說認為麻櫟這類的葉緣大多含有防蟲的苦澀成分（酚類化合物），因此牠們不吃周圍，只吃中間。

秋
美食多多。
柿子
日本榧樹
在橡實還是綠色的時候就開始吃。
枹櫟
常綠橡樹
麻櫟

冬
靠著吃樹皮或小小的冬芽撐過去。
啊——好久沒吃到美食了♪
吃…
吃…
日本山茶花是偶爾的奢侈享受。

№ 20

日本小鼯鼠
群聚取暖的好友誼

如果日本鼯鼠是「坐墊」，那麼日本小鼯鼠（*Pteromys momonga*）就是「**飛天手帕**」了，兩者的差別在於體型大小，日本小鼯鼠只有手掌大，眼睛大大的，很可愛。

除了體型的大小之外，日本鼯鼠和日本小鼯鼠的外觀也不同。日本鼯鼠的尾巴與後腳之間有**五角形**的「膜」；日本小鼯鼠的飛膜則是呈現**四角形**，尾巴與後腳之間沒有膜。儘管這裡沒有膜，牠們的尾巴卻是**扁平**的，而非圓桶狀，扁平狀的尾巴似乎多多少少更有助於產生空氣阻力。在滑翔的時候，尾巴還可以控制方向，進行快速轉彎。

很多掠食者都在地面捕獵小動物，因此日本小鼯鼠幾乎一生都在樹上生活，不會下來危險的地面，**連水分都在樹上攝取**，比方說樹液或葉片上的水滴。牠們的棲地原本就在**針葉樹林**，冬天以針葉樹的針狀硬葉或冬芽為食，不會冬眠。

日本小鼯鼠基本上是獨居生活，不過，**即便沒有血緣關係，冬天還是會有若干數量的公母鼠進入同一個巢穴，用彼此的體溫取暖**。或許是因為牠們體型小，比較怕冷吧，這種無血緣關係的個體同居例子，在動物界是非常罕見的。不知道為什麼，日本小鼯鼠的心胸就是那麼寬大，不會排擠彼此。

日本小鼯鼠說

我們和日本鼯鼠的關係？嗯，不但食物重疊，體型又比牠們小，所以我們都跟牠們保持點距離，往深山裡去。有時候我們還是會在同一片森林共存，不過北海道沒有日本鼯鼠，因此蝦夷小鼯鼠（*Pteromys volans orii*，北亞小鼯鼠的日本特有亞種）也分布在低地喔。

熊媽媽最大的敵人其實是公熊

亞洲黑熊、棕熊和北極熊的公熊，在看到帶著幼熊的母熊時可能會**變成跟蹤狂**，這件事其實還滿可怕的。

大家以前都認為野生動物不會隨便吵架，沒想到印度有一種「**長尾葉猴**」，雄猴在雌猴群中採取一夫多妻制，若猴群已經有其他雄猴，新雄猴得先打倒舊雄猴，稱霸猴群。這時候，新雄猴會殺光舊雄猴的所有孩子。等過了一段時間，雌猴忘了幼猴後，就會對新雄猴發情。這個發現在發表之後，由於太過殘酷，而且沒有道理可言，**震撼了全世界**。不過，後來我們漸漸發現，其他動物也有這樣的現象。

比方說亞洲黑熊就是一例。足尾山地的攝影師曾拍下一段影像，畫面中有一頭母熊為了保護幼熊而死命攻擊公熊，牠反覆進行攻擊，最終卻徒勞無功，幼熊還是被殺害了，母熊愣了半晌卻無能為力。

公熊弒幼並不是因為牠們認定攜幼的母熊不發情。母熊認為**從自己身體出來的幼熊是屬於「自己的一部分」**，也會想要保護牠們，但對公熊而言並非如此。公熊多半只是因為有東西在旁邊遊蕩會妨礙求偶，因而下手，從結果來說，這類公熊的基因就流傳下來了。

北極熊說

我和剛出生的二寶從冬眠的洞穴中出來後，就要追尋海豹往北走六百公里。長達七個月什麼都沒吃，肚子早就餓扁了，結果路上又遇到公熊追上來，煩不煩啊！

我很怕在山裡撞見蜂類，若真的遇到了怎麼辦？

專欄①

其實不必太害怕，會單槍匹馬飛過來的只是偵查隊。

胡蜂會把昆蟲的幼蟲咬成肉團，牠們過來只是想調查附近的人類，好奇：「這可以咬成肉團嗎？帶得回去嗎？」

胡蜂的眼力不好，無法以視覺辨識人類。只要靜靜讓牠們調查，不要有任何動作，等牠們調查得心滿意足，判斷「啊！不能吃！」之後就會離開了。然而，假使你連忙揮開近身的偵查蜂，牠們會誤以為自己受到攻擊轉而死命螫你。要是真的害怕，不妨放慢動作，靜靜往後退。

除此之外，在不知不覺間過度靠近蜂巢是很危險的，聽到「喀喀」的威嚇聲就要趕緊後退。日本每年大約有二十五人死於蜂螫（幾乎都是胡蜂或長腳蜂），蜂螫的毒量少，毒性不會直接致命，但是少數人會因為蜂螫引起過敏反應而無法呼吸，初次被蜂螫也有過敏的可能。

蜂螫後的症狀如果不只限於蜂螫部位，還包括暈眩、腹痛和全身蕁麻疹時，代表已經產生了過敏反應，建議馬上叫救護車。

第二章

獵人與獵物

No 22

長相可愛但個性剽悍的白鼬與伶鼬

白鼬（*Mustela erminea*）的臉又圓又可愛，體型細長，是很受歡迎的山中動物。不過，可愛只是人類先入為主的感受，其實**圓臉是肉食動物的特徵**，看到圓臉反而不能大意。沒錯，白鼬是**純肉食**，**而且個性凶猛**，會攻擊比自己大型的野兔與雷鳥。

同屬鼬科的伶鼬（*Mustela nivalis*）比白鼬小一圈，是全世界最小的肉食動物，牠們也會對比自己大上無數倍的獵物宣戰。白鼬鎖定獵物後會蹦蹦跳跳、轉圈扭動、露出白色腹部或採取Z字形跑法等等，以敏捷的動作舞動身體。這是鼬科名為「**戰舞**」的行為，視力不好的兔子在看到戰舞時會很好奇地盯著看。趁著兔子滿心好奇的觀察時，鼬科動物便會越跳越近，然後**猛然展開攻擊**。

在演化的過程中，大部分生物的體型都會越來越大，然而白鼬卻相反，體型變得越來越小。這是為什麼？或許是因為牠們**適應了岩石縫隙間的環境**，畢竟鑽進老鼠洞就抓得到老鼠。白鼬甚至可以**鑽過直徑二點五公分的洞穴**，牠們雖然不會自己挖洞，但是很愛狹窄的地方。來到高山帶時，不妨仔細觀察裸岩峭壁，或許能遇見在石縫之間鑽進鑽出的白鼬。

蛇說

我們的祖先很久以前也有手有腳，可是，在狹窄的縫隙間，沒手沒腳反而更有利。

於是，沒手沒腳的祖先倖存下來，後來的我們就變成這樣了，說不定……白鼬未來也會變成這樣。

冬天的白鼬會換上一身白（尾巴尖端除外）

夏日期間，白鼬的背部是棕色、腹部是白色，到了冬天就會變成**全身雪白**。穿著一身白裝在雪原上，面對老鷹或狐狸等天敵與其他獵物時，比較容易有隱形的效果。不過，雪白的白鼬**尾巴尖端**依然是黑色的，眼睛和鼻尖也是，這些顯眼的顏色名為「**標誌色**」，要是看到有東西在雪中動來動去，就知道是白鼬了。

倘若除去吃與被吃的關係，**最為激烈的競爭關係是種內競爭**，畢竟**食物相同**，自然而然會成為勁敵，因此，物種是以某些「記號」來區別己群與其他物種。發現與自己相同「記號」的動物靠近時，牠們會開始有點緊張。

不知道為什麼，野兔換上冬毛後的**耳尖依然是黑色的**，這也是「標誌色」的一種，在白鼬眼裡就是身為獵物的記號。白鼬遠遠看到兩個黑點在動，就知道是野兔，可以拔腿追上去。

而伶鼬在換上冬毛之後，連尾巴都會是全白的。伶鼬分布在北海道與東北地方，常常入住牧場的筒倉，而住在有老鼠出沒的筒倉，相當於住在糧食庫裡。

鼬科動物大致上都很**膽大妄為**，也不太怕人類。牠們的好奇心強烈，有時甚至會闖進民宅，人類倒是看上了牠們的毛皮而進行濫捕。

白鼬說

入秋之後，我們的體色會漸漸轉白，「護毛」的色素脫落之後，「底毛」就會長出來。底毛會更白更溫暖，如同棉花一般。換裝的關鍵似乎與變短的日照有關，不過，我覺得氣溫的降低也脫不了關係。

猜猜我是誰？
白鼬、日本貂或伶鼬？
冬毛裝
轉
用尾巴來分辨！
伶鼬
白鼬
日本貂
日本貂（最大隻）
白鼬
伶鼬（最小隻）
體型也不同喔。
牠是兔子。
16~17公分
20~30公分
50公分

№ 24

喜歡趕盡殺絕的鼬科動物

白鼬的個性非常兇殘（對人類來說），這種個性是偏肉食的鼬科動物所特有的。以前曾經有鼬入侵雞窩，儘管一口氣吃不完，雞隻依然被趕盡殺絕，於是衍生出**鼬會吸血**的傳說。牠們是**天生的殺手**，只要看到有機會殺掉的獵物，就會先下手為強★。

不過，鼬科動物的狩獵方式似乎很原始，先咬住兔子或老鼠的後腦勺，接著咬毀頭顱，過程就是這麼單純，而且牠們的**下顎都很強而有力**。

然而，其實野兔本來就**非常膽小**，**一般認為，牠們光是遭受到鼬的攻擊就會死於恐懼**，所以狩獵方法的原始程度或許根本無所謂。老鼠的情況也相同，只要沒有妥善處理，**老鼠一旦被抓就會「嚇死」**，真的令人很頭痛。總之，鼬根本不需要一直開戰，就這層意義上來說，牠們算是很厲害的。

貓科動物也會攻擊比自己大的獵物，不過牠們是**先咬住獵物的脖子，然後切斷脊神經**，這種狩獵方法更高竿。獵物脊神經一斷的當下就動不了了，貓科動物便沒有被反擊的風險。除此之外，獅子在狩獵牛羚的時候，還會咬住牛羚的鼻子讓牠們窒息死亡。由此可見，**獵殺的手法是在進步的**，相較之下，鼬科動物則是靠蠻力，蠻力勢必伴隨更多風險。

★鼬科動物也會把吃不完的屍體搬回巢裡。以前發生過一個案例，有人用小石頭圍出一個池子，把河裡撈到的小魚放進去，沒想到後來整池魚都被偷走。

鼬說

日本以「鼬急會放屁」形容狗急跳牆的行為。我們肛門兩側有肛門腺，一被抓到就會釋出奇臭無比的液體，好趁著敵人驚嚇時逃跑。可我們還是常被狐狸抓到，難道是效果不太好嗎？

鼬住在里山，擅長在河邊抓螯蝦和魚類。
撲通
划
鼬的手腳都有長蹼。
嘩啦啦啦啦啦
哇啊～～
天吶～
咚咚咚咚咚咚咚咚咚
大豐收啊♪
呵呵呵……
巢穴
沙沙沙～
呀—！

No 25

貂會刻意在顯眼的地方排便

走在日本的山路上，常常可以看到**貂糞**，隨便一找，就能在石頭上發現大約三到五公分、又黑又長的糞便。秋天的糞便中摻雜著貂喜歡的木通、合軸莢蒾等紅色果實。

貂的體型比鼬大一圈，又**善於爬樹**，會在樹上狩獵松鼠或日本鼯鼠。除了野生老鼠或青蛙，牠們也很愛吃果實。原本一般認為貂是深山的動物，但其實低海拔地區也有牠們的蹤影。

鼬科這種**偏肉食**的動物有很強烈的**領域性**，「領域」指的是不會讓他者進入的區域。為什麼要有領域性？為了**避免種內互相搶奪獵物**★。動物走動覓食的範圍名為「**活動範圍**」，一般來說，動物的活動範圍會大於領域，不過肉食動物的**領域通常就等於活動範圍**。

為了向其他同伴宣示「**這裡是我的地盤，不要進來**」，牠們會以糞便或尿液在領域邊界**標記**氣味。而且，為了容易被發現，地點要選得很顯眼。以貓為例，牠們在領域內會把糞便藏起來，在領域邊界則不會（鼬科是一概不藏）。若氣味消失了，同伴**以為你不在**，**其他貂馬上就會把領域擴張過來**，因此牠們每隔幾天就得巡邏一次，補上自己的氣味。

★倘若某個區域的獵物很多，領域就可以小一點，相反的，如果獵物少，領域就要夠大。

貂說

我們在入秋後會變成白臉和鮮豔的黃毛皮。毛皮非常華美喔！
秋毛是所謂的「黃貂」，也是人類覬覦的貂皮（雖然不知道原因，不過有些同伴入秋後依然毛皮樸素，這些則是「褐貂」）。

貂會在顯眼的地方排便……
宣示自己的領域。
這是我的便便喔，
快看，
拜託。
噢？
蟲子與木通種子
懸鉤子的種子

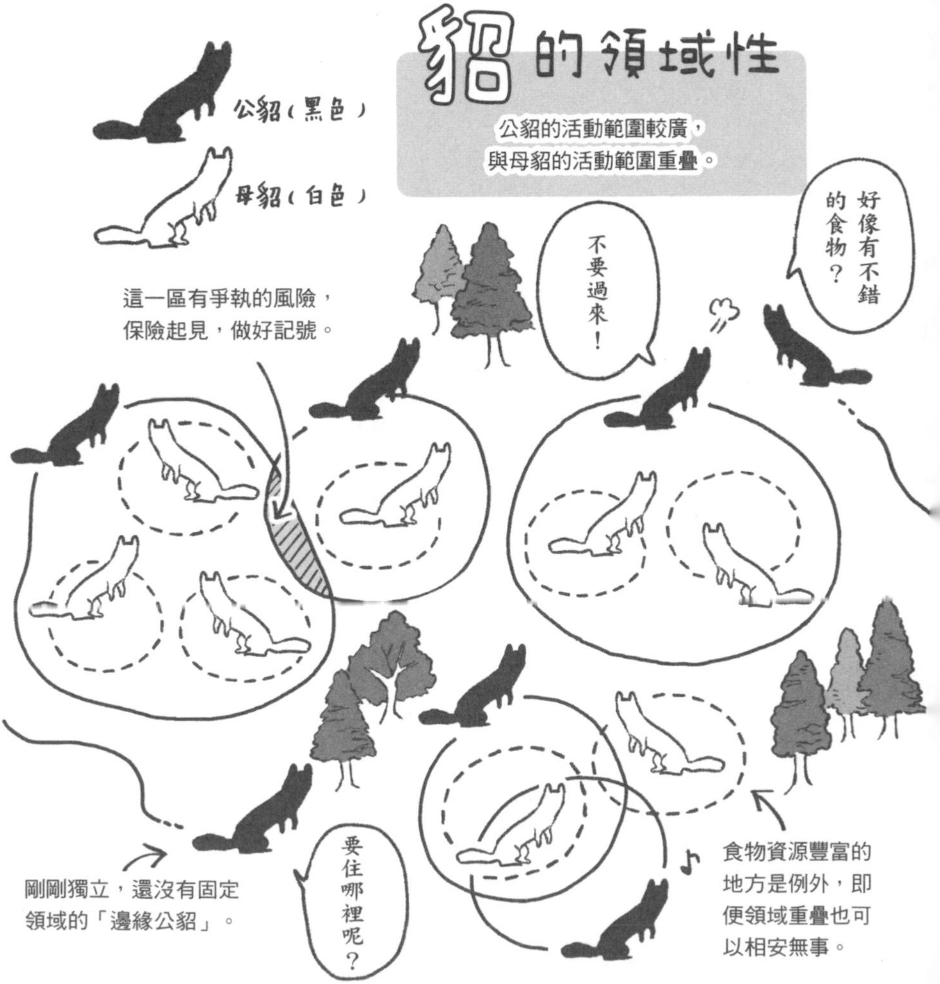

貂的領域性
公貂的活動範圍較廣，
與母貂的活動範圍重疊。
公貂（黑色）
母貂（白色）
這一區有爭執的風險，
保險起見，做好記號。
不要過來！
好像有不錯的食物？
剛剛獨立，還沒有固定
領域的「邊緣公貂」。
要住哪裡呢？
食物資源豐富的
地方是例外，即
便領域重疊也可
以相安無事。

№ 26

戒心很強的狐狸

狐狸的棲地遍及低海拔與三千公尺等級的高山，不但活動範圍極廣（日本的狐狸為二到八平方公里），而且戒心又很強，因此不容易遇見★。我的山中相機常常拍到狐狸巡邏領域的模樣，不過只要人類一來，牠們就會立刻躲進草叢中，這一等，少說三十分鐘起跳。有時候還會看到狐狸**舉起一隻腳不動**，觀察對方的動靜再選擇適合脫逃的方向——每一種動物都有這一類的**戒備姿勢**。

哺乳類和鳥類遠比昆蟲與爬行類更有智慧，能夠判讀對方的動作，而且明確知道**離對方多遠才是可以安全脫逃的距離**。這是所謂的逃走距離，狐狸的逃走距離大約是十公尺，在開溜之後只要拉開到這個距離，一定會停下來觀察對方的動作。貓也是這樣，人類靠近幾步，貓就會走開，**不過牠們一定會回頭觀察我們有沒有繼續逼近**，以免消耗無謂的能量。如果是昆蟲，就只會一個勁地脫逃了。

如果進入狐狸的「警戒距離」，牠們一定會在**逃跑或攻擊**之間二選一；若是進入「**臨界距離**」內，大約是一、兩公尺，則是會被猛烈攻擊的距離。如果猛然遇見熊的時候就已經靠這麼近了，牠們也會**反射性展開攻擊**。

★狐狸在春夏天的尾聲會進入巢穴育幼，若想觀察狐狸，不妨在巢穴外監看。狐狸會自己挖巢穴，也會以岩石縫隙為窩，如果巢穴的環境不錯，還會代代相傳。

有了有了。
……
傍晚
嘎ー
嘎ー
嘎ー
差不多可以出來了吧。
驚
驚
走開……

狐狸說

日本赤狐（Vulpes vulpes japonica）雖然很怕生，不過，即便在倫敦這樣的大城市，街上也看得到狐狸，可見海外的狐狸神經比較粗呢（北海道赤狐〔Vulpes vulpes schrencki〕也是）。英國城市布里斯托爾的狐狸活動範圍是零點三公里，小了許多。

№ 27

狐狸可以走出一直線腳印

在冬日追尋雪地上的狐狸足跡還滿有意思的喔，要是看到等距離的腳印形成一直線，就知道是狐狸留下的。**牠們行走時，後腳是踩在前腳踏過的地方**，因此足跡會連成一直線。這種走法不但可以讓**誤踩毒蟲的風險減半，潛行時發出聲音的風險也減半**，所以才會選擇這樣走。野生灰狼和狐狸的足跡通常都是一直線，非直線的足跡，就是牠們在跑步或者懷孕母狐狸留下的。

跟著足跡走吧！走著走著，牠們的足跡可能會靠近草叢，搜索草叢中有沒有兔子躲著。搜索完畢，接著移動到下一處草叢，也可能不時在岩石或樹樁等顯眼處排尿或留下一條糞便，藉此宣示自己的**領域**。沿路中，你可能會撞見兔子或松鼠的屍體，即便沒有屍體，看到些許飛濺的血或者獸毛，就知道獵物是在這裡被抓到了。

狐狸的特技是**騰空跳**，牠們的大耳朵先是聽到老鼠在草叢中發出微弱的聲響，接著靜悄悄地靠向草叢，然後聽音辨位、騰空跳高、急速落地，在落地的同時用前腳和牙齒制伏獵物。狐狸的身體輕盈，一跳至少可以跳到兩公尺，這種狩獵方式常被說**很像是導彈的攻擊**，也確實是個抓住四處逃竄的老鼠的好辦法★。

★聽說狐狸還會就地打滾、突然趴下，吸引野兔的注意力後再攻擊，這類行為稱作「誘捕」，不過我沒有親眼見過。

狐狸說

狗都走得很隨便！由於牠們胸淺而寬，無法走一直線，不但四腳足跡的位置都不同，腳步聲也很吵，整體來說就是亂走一通！牠們是不是把野生本能都還給大自然了啊？

No 28

狐狸媽媽為什麼要把小孩趕出家門？

狐狸的繁殖季是初春。

如果生活在有季節變化的環境中，哺乳類動物**大多會在春天生產**。哺乳類的一大特色是**用乳汁育幼**，媽媽要吃得比平常多三、四倍才能分泌乳汁，因此牠們會在食物豐富的春天生產，而且春天出生的幼獸可以在夏秋季節成長，這段期間也沒有食物不足的問題★。

狐狸一胎平均生四到五隻，平常母狐定居在固定的領域中，公狐則是四處晃蕩，只有在生產期才會住進母狐的領域，時而找食物來，時而抵禦敵人，幫母狐一起照顧小孩。

過了五個月後進入夏天，也是獨立的季節，在這之前，幼狐已經看著成狐學習狩獵與覓食，也幾乎都明白**狐狸社會的規則**了。等時間來到夏天尾聲的某一天，原本和藹可親的母狐會開始以咬或威嚇的方式把幼狐趕出家門。幼狐雖然**不明就裡**，試圖靠近母狐，母狐依然會繼續恐嚇牠們，最後幼狐只能逃離。

長大後的小狐狸會漸漸散發出公狐的味道，**母狐可能是在這個時候把孩子趕走**。如果孩子是雌性，可能會留在領域內，隔年幫忙母狐帶幼狐，未必要離開。

★熱帶地區全年都不缺食物，沒有繁殖季的分別，一般認為人類之所以沒有繁殖季，就是因為人類祖先是在熱帶地區演化的。

狐狸說

被媽媽趕出門之後，就要去尋找自己的家，此時母狐會長途跋涉約十公里，公狐則是四十公里，甚至更多。狐狸是獨自狩獵的動物，只有在帶小孩的時候會群居。

幼狐透過遊戲學習社會性的互動，包括取勝與落敗的方法。
來玩吧！
哇！我輸了。
下次你要贏喔。
吼吼
順帶一提，成狐認真打架時，嘴巴會張得很大，向彼此示威。
嗷
這是禮物。
哇！是玩具！
幼狐在出生約五個月後離巢。

№29

野兔的腳印是怎麼突然消失的？

野兔的天敵簡直多到數不完，包括鵰、鷲、老鷹、狐狸和白鼬……因此，野兔從暗處跑出來的時候，總是用盡全力衝刺跳躍★，不會像貓狗那樣一步一步慢慢走。兔子跑步時，是先用兩隻後腳跳起來，然後兩隻前腳落在同一條線上，**足跡呈現Y字形**。掌握這個特徵，馬上就能認出兔子的腳印了。

我曾經在冬日的某一天，決定要追著野兔跑到天涯海角。那隻野兔似乎也知道人類的腳程不及自己，所以跳了幾下之後就停下來觀察我。等我氣喘吁吁追了上去（雪地實在很難走），牠又蹦蹦跳跳逃走了。我就這樣追著牠的足跡追了兩個小時，驟然發現自己來到一個熟悉的地方。沒錯，**我繞回開始追牠的起點了**。簡單來說，野兔的活動範圍直徑約四百公尺，而我在這裡繞了一圈。

野兔在進入休息地之前，會先到視野好的地方檢查四周有沒有敵人。這個時候，牠會突然向右迴轉（野兔無法倒退走），然後踩著自己的足跡跳進旁邊的草叢裡，所以對於追蹤足跡的人來說，**足跡看起來彷彿憑空消失了**，這種行為名叫「**消除腳印**」。

★有些野兔跑步的時速是七十到八十公里，人類完全趕不上，連狐狸也會追得很辛苦。

兔子說

被獵捕的動物通常都會蹦蹦跳跳地奔跑，雖然動作無法很靈巧，但是速度夠快，袋鼠也是吧？其中速度特別快的是北美的黑尾長耳大野兔（Jackrabbit），牠們會採Z字形跑法，從敵人手中逃走。

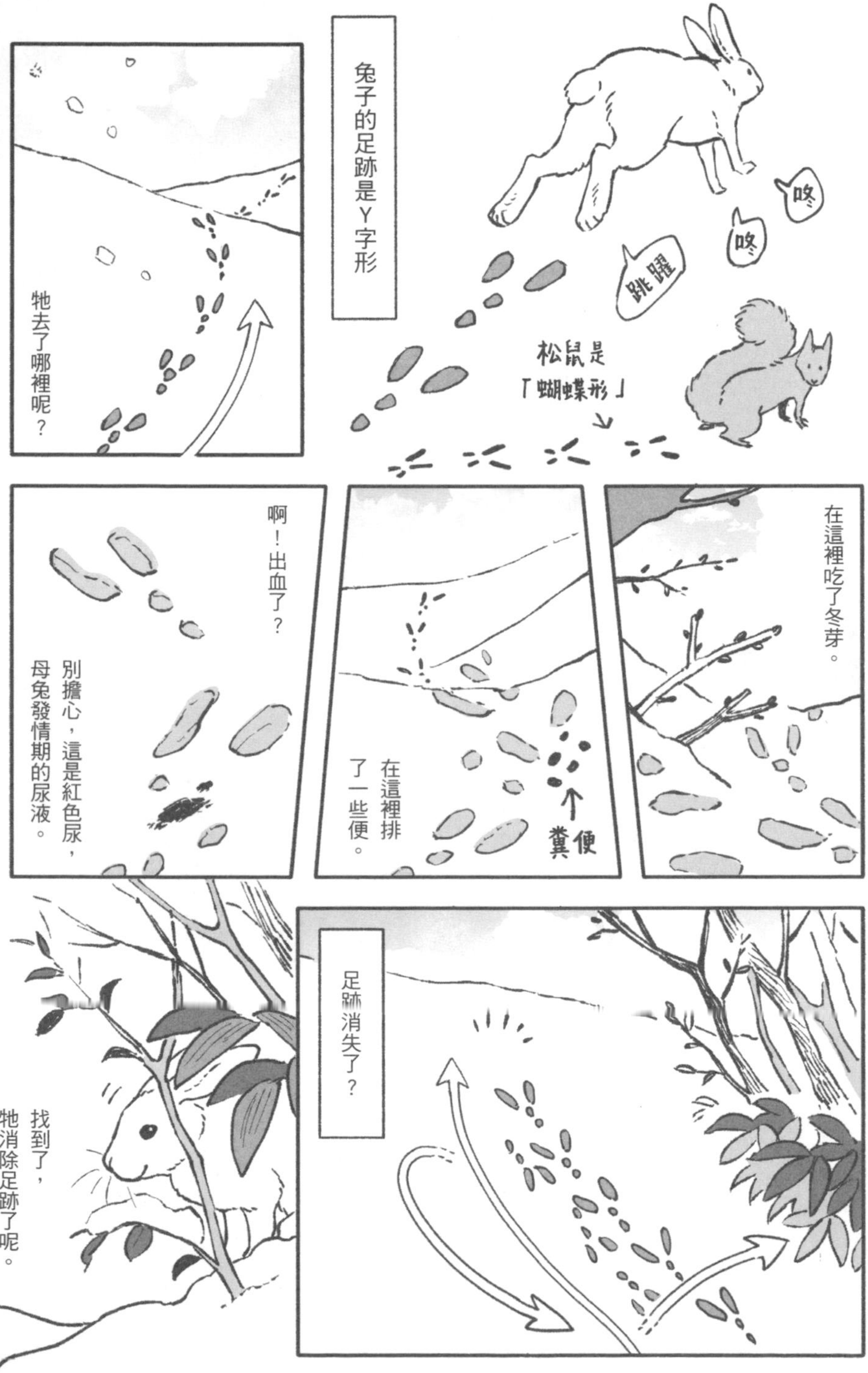

№30

兔改不了吃屎！

兔子偶爾……應該說是常常把臉湊到肛門旁邊，吃著自己排出的糞便。不過請各位放心，這種糞便不是一般常見的球形硬便，而是有薄膜串在一起的軟便，也就是富含維他命和蛋白質等營養素的「**葡萄便**」。

兔子與馬類似，全年都吃草。其實如果人類可以吃草也不錯，可惜我們辦不到，因為植物的主要成分是硬物質（**纖維素**等纖維），人類無法消化（蔬菜也含有纖維素，人類基本上無法消化，只能以糞便的形式排出體外）。

兔子的盲腸很大，內部住著大量的**細菌**★，很像是一個發酵桶。盲腸的細菌能夠**分解堅硬的纖維素**，只是說好不容易分解完了，連接盲腸的大腸卻太短，無法充分吸收蛋白質，於是兔子只能**先以糞便的形式排出，再吃下去重新吸收**（盲腸便），也就是說，要是不吃屎，兔子會死於營養不良。

補充說明，**牛或鹿**（偶蹄目）擁有**四個胃**，胃中住著細菌。透過「**反芻**」的行為，讓胃的東西逆流回口中，在口中咀嚼、與唾液混合之後，再進入胃部消化。吃草真的很不容易！

★細菌是非常微小的生物（原核生物），兔寶寶吃了母兔的「葡萄便」（含有細菌）後，就能得到母兔的細菌。

兔子的
神奇特技
告訴我有哪些吧。
①直接吃肛門的糞便。
嚼嚼 嚼嚼
這是可以吃的便便……
味道就不予置評……
②睜開眼睡覺。
正在睡
瞬膜已經閉上了，所以眼睛不會乾燥。
一般認為，睜眼睡是為了醒來後能馬上看見敵人。
是橫向閉上的喔！（半透明）
感到放心時，會闔上眼皮睡覺。
必須時時保持警戒……
老鷹或烏鴉這類的鳥只用瞬膜就能眨眼。
擁有瞬膜的哺乳類包括海獅、北極熊和駱駝等等。
水平移動
順帶一提，鴨子和許多鳥類的眼皮之所以由下往上閉，可能是為了戒備天上的敵人。
想要最先看到上面。

兔子說

我們的體型不是很小嗎？這樣能量很容易變成熱能從體表散失，所以我們要一直吃個不停，甚至連悠哉睡覺的時間都沒有。而且草的熱量很低，所以得吃很多啊，唉……

№ 31

三月的兔子容易性情大變？

英國有一句慣用語是「**像三月的野兔一樣瘋狂**（mad as a March hare）」，從這一句話可以看出兔子在繁殖期的抓狂模樣，這也是《愛麗絲夢遊仙境》角色「三月兔」的由來。

是不是有人覺得：「奇怪？我聽說兔子沒有繁殖期啊？」其實兔子大致可分為兩種，一種是沒有繁殖期的**寵物兔（家兔）**，家兔的祖先是**穴兔**（*Oryctolagus cuniculus*），牠們**能挖出錯綜複雜的地下隧道，在地底過著群居的生活**；另一種是**野兔**，平常**在野原上過著孤伶伶的生活**（三月兔就屬於這一種）。家兔與野兔是截然不同的物種。

野兔的懷孕期約一個半月，每年生產三到五次，一胎生二到三隻。剛出生的小兔不但能馬上張開眼睛，耳朵聽得見，體表也已經有毛。野兔是在草地上誕生，一出生就處於**立刻能夠逃離敵人追捕的狀態**（稱為「早熟型」），馬也是這一類）。出生的小兔四竄散開後，**會獨自在草叢中靜靜躲著**。通常要到晚上母兔餵奶時，小兔才會聚集起來，喝完奶後再次散開。

相對而言，穴兔是在安全的洞穴深處誕生。出生時，眼睛和耳朵都沒有打開，體表也沒有毛（稱為「晚熟型」），比野兔早十天離開母兔的肚子。誕生環境是安全或危險，會影響到動物出生時的狀態，生物是不是很奧妙？

俗話說，寂寞的兔子會死掉…
才沒有這回事！
嚼嚼嚼嚼嚼嚼嚼
我們出生之後就獨來獨往。
不過，野兔進入戀愛季節時…
等一下～
來抓我啊～
呵呵呵
哈哈哈哈
而另一方面，歐洲野兔…
公、母兔會站起來打拳擊。
喜歡喜歡喜歡你。
打打打打打打
走開走開走開。
公兔
母兔
母兔可能還沒準備好，或者是想拒絕、想確認公兔是否夠強。
咚咚咚咚咚
哇喔喔喔

兔子說

我們兔子的天敵很多，所以孩子就得生很多。反之，要是孩子的存活率高，只要生個幾隻，好好養就可以了……

№ 32

松鼠會吃毒菇？

我回放自己的山中攝影機時，看到有些動物會若無其事把蕈菇一口吃掉，也看到松鼠在搬運蕈菇。

其實蕈菇是森林中不可或缺的一部分，但我先從**蕨類**來說起好了，蕨類喜歡生長在陰暗處，課本上或許都有寫，蕨類**有葉有根**，是繼苔蘚類之後，第二種在陸地上生根的植物。時間大約是在三點五億年前，陸地上出現了高約十公尺的巨大蕨類森林。

然而**裸子植物**在三億年前左右興起，取代了蕨類。裸子植物製造了堅硬的物質「**木質素**」來保護自己，長出所謂的「**樹幹**」。大樹都很堅硬，是吧？所以多數的微生物無法分解木質素，**樹木的殘渣**便不斷在地上累積，無法重新利用的物質堆成越來越多的垃圾★。這可是一種環境問題啊，解決這個問題的就是蕈菇。蕈菇是一種菌類，這些**菌類能夠分解堅硬的木質素**。也多虧有蕈菇的出現，**死亡的樹木才能夠重返大自然的循環**，沒有蕈菇，就沒有森林。

不過動物都是怎麼對付毒菇的？這是我們未來要研究的題目。我猜牠們是不明就裡吃了，然後拉肚子吧。

★當時的樹木死亡後未經分解就沉積，而現在的人類把它們挖出來當作燃料，這就是所謂的「煤炭」。

蕈菇說

有些蕈菇不是從樹木獲得糖分（能量來源），而是把分解岩石後製造的養分提供給樹木，形成共生關係，比方說松茸與日本赤松（*Pinus densiflora*），因此日本赤松即便在貧瘠的土地也能活下來。

蕈菇的本體是生長在樹上或土壤中的「菌絲體」。
平常的樣子
胞子
功能類似花朵
表面的那朵菇是散播胞子用的暫時性構造。
菌絲體
喔！菇菇聞起來好香喔。
拿去桌上吃好了。
松鼠的桌子
老舊的樹樁略高於地面一些，可以環顧周遭，更為安全。
松鼠的食餘「胡桃殼」或松毬的「炸蝦」都會散落在附近，一看就知道。
吃吃吃吃吃吃
這個菇的花紋好鮮豔喔。
沒問題嗎？
奇怪？好暈啊～
唷嘿
動物文學家西頓描寫過一隻吃了紅菇後醉暈的松鼠，這種事或許真的會發生呢。

No 33

有如跳舞的蛇蛇相鬥

蛇類的主食是鳥類、老鼠和松鼠等等，所以小動物時時刻刻都要提防蛇類的威脅，一聞到蛇的氣味就會陷入恐慌狀態。**日本錦蛇**（*Elaphe climacophora*）甚至能爬樹攻擊狐狸的巢穴，爬樹時，牠們**腹部的鱗片會豎起來**，就好像攀岩者一般，把鱗片卡在樹上一個個凹凸不平之處往上爬。啄木鳥還有一套防蛇策略，把鳥巢建在樹木傾斜、不易攀爬的那一側。

講到蛇，應該有很多人都怕毒蛇吧？日本的毒蛇主要有三類：**日本蝮**、**虎斑頸槽蛇**和沖繩的**黃綠龜殼花**。最愛**青蛙**的日本蝮和虎斑頸槽蛇會在河裡潛伏，等待獵物，毒蛇通常都怕熱，所以黃綠龜殼花也很喜歡溪流的環境。日本蝮和日本四線錦蛇（無毒）的個性都很兇狠，需要特別注意的是，日本每年約莫有十個人死於日本蝮之口。

雖說毒蛇很恐怖，但是**同類相鬥時是不用毒的**。比方說繁殖期的黃綠龜殼花公蛇在開戰時，兩條蛇會纏住彼此，用自己的頭部捲住對方的頭部以後壓制在地。被壓制的一方要往前行，巧妙躲開箝制，然後換牠嘗試壓制對方的頭部。

在壓制與被壓制的過程之中，先耗盡體力、離開現場的算戰敗方，也就是說，兩蛇互鬥是一場耐力賽。這種行為名叫「戰蛇舞」，牠們**不是動真格要互相廝殺，而是透過較勁決定勝負**。而這一套互鬥行為演變成儀式的現象，就稱為「**儀式化**」。

日本蝮說

我們的眼睛和鼻子之間有一個小孔（頰窩），這個器官可以感測微弱的熱（紅外線），因此，在黑暗中也能知道老鼠的位置，厲害吧！

日本蝮

蛇身有硬幣一般的圓形和點紋（古錢花紋），前牙有毒。

蛇紋的個體差異極大，有時候看外觀都辨識不出來！

虎斑頸槽蛇

不同地區的蛇體色相差很大（東日本多為黑色和紅色的斑紋），下顎為黃色。除了後溝牙的劇毒外，其頸部也具有毒性，這種毒是被吃掉的蟾蜍毒液重複利用所形成的。

日本錦蛇

無毒，善於爬樹。
受到威脅時會散發臭味。

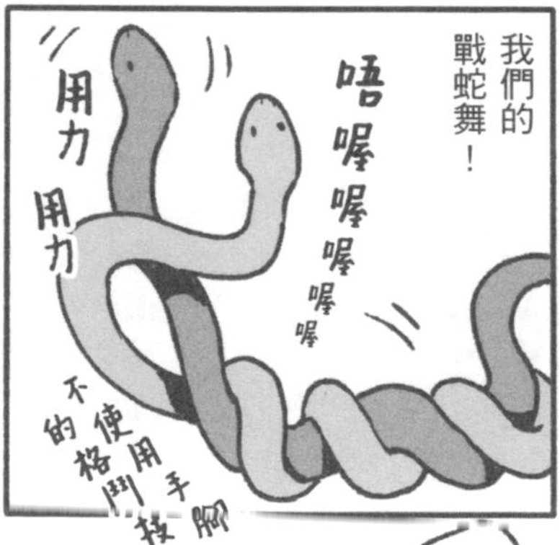
我們的戰蛇舞！
唔喔喔喔喔喔
用力
用力
不使用手腳的格鬥技

日本錦蛇的幼蛇

幼蛇身上的花紋與日本蝮相似，一般認為這是種擬態，擬的是日本蝮。

看招！
倒下
我認輸。

日本四線錦蛇

常見的個體身上有四條黑線，無毒。

№ 34

以臉為耳的貓頭鷹

貓頭鷹通常會在夜裡鎖定低處的老鼠或鼴鼠。除了南極之外，全球各大陸塊都有貓頭鷹的存在，牠們可以說是技術最高超的掠食者。

貓頭鷹特別擅長捕捉小動物發出的細微聲音，牠們的**大臉又圓又平坦**，一般認為這種形態具有**蒐集聲音**的效果。鳥類沒有「耳廓」（就是人類耳朵在外可見的部分），只有羽毛中開的耳孔，而貓頭鷹的整張臉就具備耳廓的功能。此外，牠們的耳孔也朝向前方，因此若要聽後方的聲音時，頭必須轉一百八十度，**讓整張臉面向後方**（據說最多可以迴轉兩百七十度）。

許多貓頭鷹的**耳朵位置或耳形會左右不對稱**，比方說右耳是在眼睛旁邊，左耳則在鳥喙上方一些，導致左右耳的位置有些落差。這種不對稱構造不但能讓聲音抵達雙耳的時間產生時差，聲壓也會產生些微變化。儘管差異微乎其微，貓頭鷹依然能辨識，在辨識之後歪一歪頭，讓雙耳保持水平，然後獵物就會從正面過來。這一招百發百中，即便四周一片漆黑，即便獵物在雪底或地洞裡，牠們照樣能正確掌握獵物的位置。貓頭鷹的這項能力是動物界的第一名。

呵呵呵……我們的眼力也比人類好一百倍！只是說眼珠沒辦法轉動，確實不太方便……每次要看旁邊或後方時，都要轉動整顆頭啊……

貓頭鷹幼鳥第一次試飛的日子。
哥哥。
好、好喔，我要飛了……！
啪
唰沙沙……
落下
欸～我真的能飛嗎？
好耶！
無法……
好可怕啊～
好了，快點出來。
加油！
食物
幾小時後
嗚嗚……只能上了。
嘿！
啪
啪
貓頭鷹幼鳥要花一個月的時間學習飛行和狩獵，然後飛離親鳥的領域。
太好了！
飛起來了

№ 35

蝙蝠其實很長壽

蝙蝠是**飛上天際的哺乳類**，而且發展得很成功，不但種類繁多，分布也遍及全世界。日本的蝙蝠大約有三十種，粗略可以分成大型的**大蝙蝠**（megabat）和小型的**小蝙蝠**（microbat）。大蝙蝠的**主食是果實與花蜜**，棲息地為沖繩和小笠原諸島這種果實多的熱帶地區，牠們有雙大眼睛，**長相如狐狸**，毛茸茸的很可愛。小蝙蝠則是一般人所熟知的那種蝙蝠，**主食是自己補捉的小飛蟲**。

蝙蝠在夜裡要怎麼知道飛蟲的位置？靠的就是迴聲定位，從口或鼻放出**超音波**，並聽取音波撞擊物體後反彈的聲音。這或許能用「以聲音為眼睛」來形容。一隻蝙蝠每晚可以吃約四百隻的飛蚊或蒼蠅，很驚人吧！

蝙蝠的臀部不發達，無法站立，因此後腳有鉤狀爪，讓牠們可以懸掛自己。多數的蝙蝠都是倒掛著睡覺，可見倒掛對牠們來說應該很輕鬆吧。不過蝙蝠的祖先是怎麼開始過著懸吊的生活呢？原因目前還不是很明朗。總而言之，幸虧古時候的蝙蝠祖先把自己掛了起來，前腳才能得到自由，前腳自由了，才會衍生出翅膀的功能。

蝙蝠這種生物身上的謎團很多，學者從體型推測出來的蝙蝠壽命並不長，但牠們的實際壽命卻是推測值的**三倍**★（約五到十五年），據說西伯利亞還有**超過四十歲**的蝙蝠。

★蝙蝠基本上一胎生一到兩隻，生得少，但照顧時間長。在非冬眠的休眠期間，蝙蝠的體溫也會下降以節省能量，長壽或許與這些都有關吧？

蝙蝠說

即便是懸吊的姿勢，我們的臀部也會往前突出，因此排尿時不會尿到自己喔。體型大的大蝙蝠會用上前腳拇趾的鉤，讓頭部朝上後懸吊排尿。

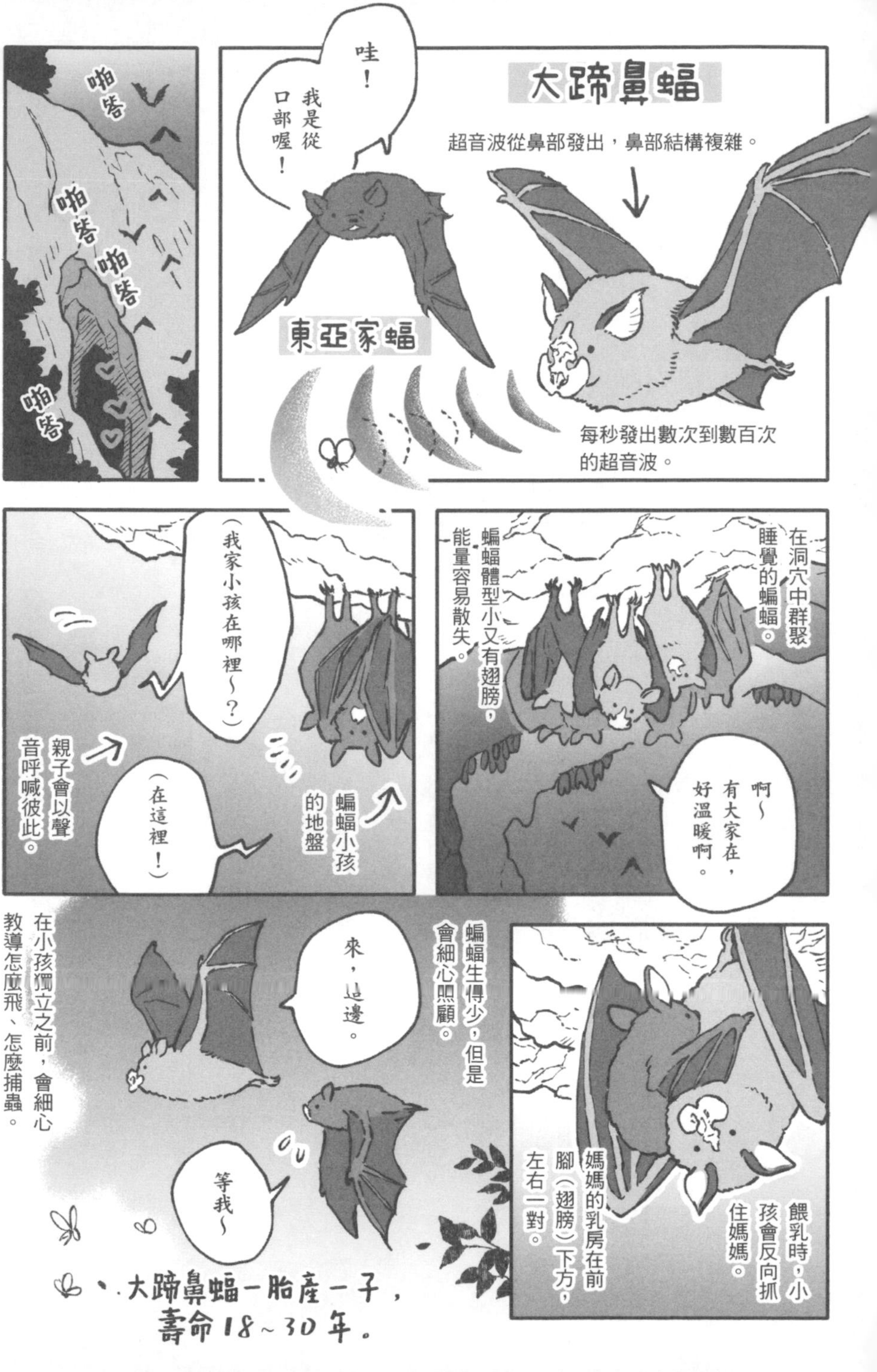

大蹄鼻蝠
超音波從鼻部發出，鼻部結構複雜。
每秒發出數次到數百次的超音波。
東亞家蝠
哇！
我是從口部喔！
啪答
啪答
啪答
啪答
在洞穴中群聚睡覺的蝙蝠。
蝙蝠體型小又有翅膀，能量容易散失。
啊～有大家在，好溫暖啊。
（我家小孩在哪裡～？）
蝙蝠小孩的地盤
（在這裡！）
親子會以聲音呼喊彼此。
餵乳時，小孩會反向抓住媽媽。
媽媽的乳房在前腳（翅膀）下方，左右一對。
蝙蝠生得少，但是會細心照顧。
來，這邊。
在小孩獨立之前，會細心教導怎麼飛、怎麼捕蟲。
等我～
大蹄鼻蝠一胎產一子，壽命18~30年。

№ 36

不怕山林大火的鼴鼠

鼴鼠會在地底挖隧道，並在地洞裡度過一生★。牠們**鏟子狀**的前肢很適合挖土，開挖一段距離後，**擁有軟趴趴脊椎骨**、**身體柔軟**的鼴鼠就會在狹窄的地道內迴轉，把廢土推出地面。被推出來的土堆名叫「**鼴鼠丘**」，常見於路堤或高爾夫球場。

地道內的路線錯綜複雜，包括食物儲藏室、飲水區、以枯葉鋪成的窩與廁所等等。牠們除了開挖新地道，也會重複利用以前鼴鼠挖過的通道，有些是頻繁使用的幹道，有些是挖完之後乏人問津的小路。

日本的地底下到處都是鼴鼠的地道，日本小鼩鼴（*Dymecodon pilirostris*）是一種原始的鼴鼠，一般認為牠們在一百五十萬年前的更新世中期就已經來到日本列島了，因此，**理論上日本列島（本州）的地底應該是相連的**。

即便地面上發生森林大火，鼴鼠也不會太驚慌。畢竟熱往高處走，地底溫度高不到哪裡去，反過來說，即便地面上大雪紛飛，地底深處也冷不到哪裡去（而且積雪還有毛毯的功能）。蚯蚓在冬天會鑽進更深的地底，此時的鼴鼠為了尋找蚯蚓，就會使用更地底、更深處的地道。總的來說，**地底住起來還滿舒適的**。

★鼴鼠的眼睛退化到幾乎看不見了。不過牠們的鼻尖有感知氣味與震動的感應器（艾瑪氏器，Eimer's organ），可以找出掉落在地道內的蚯蚓或昆蟲幼蟲。

鼴鼠說

下雨時的時候，地道會不會漏水呢？我們會用土堵住，所以不用擔心。
如果不慎挖到地下水或淹水的時候還可以游泳，我們可是游泳健將喔，平常就像是在地底裡游蛙式嘛。

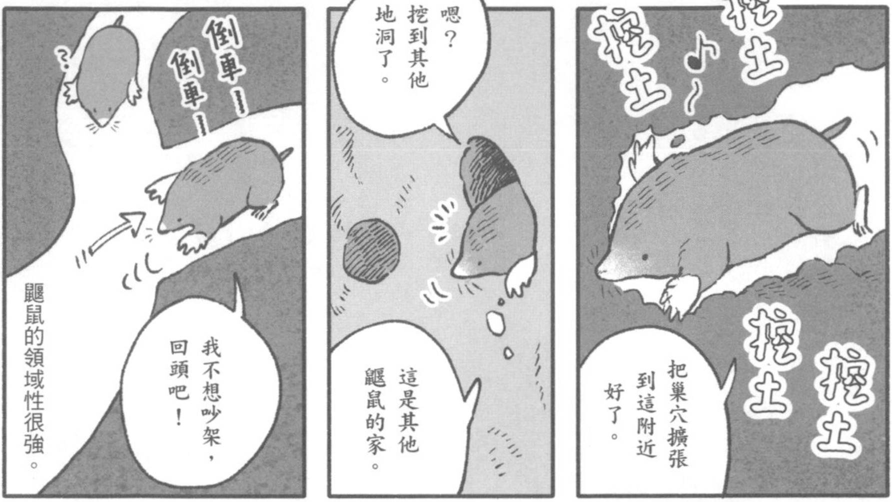
挖土♪
挖土～
挖土
挖土
把巢穴擴張到這附近好了。
嗯？挖到其他地洞了。
這是其他鼴鼠的家。
倒車——倒車——
我不想吵架，回頭吧！
鼴鼠的領域性很強。

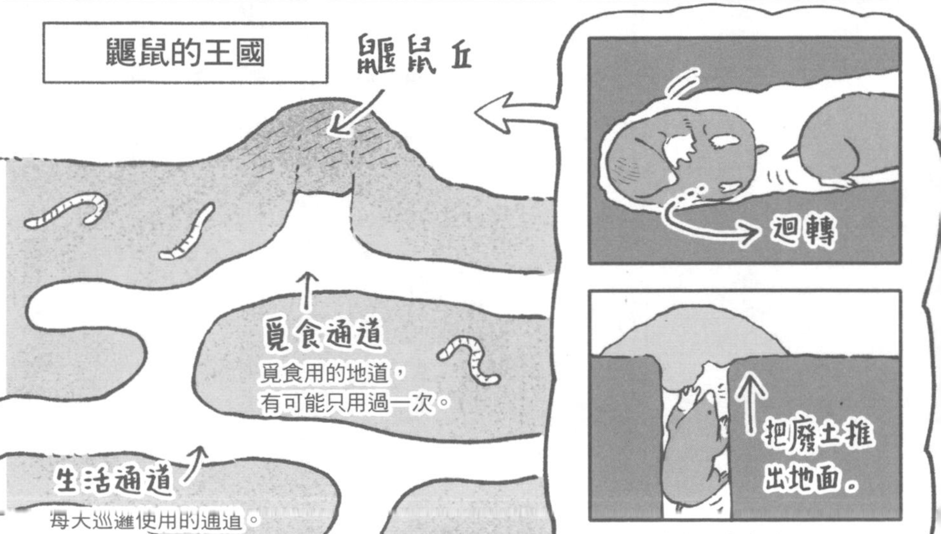
鼴鼠的王國
鼴鼠丘
迴轉
把廢土推出地面。
鼴鼠基本上不會來到地面，因此這不是出入口。
覓食通道
覓食用的地道，有可能只用過一次。
生活通道
每天巡邏使用的通道。
窩巢
用一層層枯葉鋪出床鋪，這裡也會用來育幼。
廁所
飲水區
在地底儲存雨水並飲用的地方，又稱為「鼴鼠的井水」。

No 37

鼴鼠挖的是什麼土？

你們知道土壤這種東西是怎麼形成的嗎？岩石碎裂之後不會直接變成土壤，**不管歷經多少風吹雨打，岩石只會變成砂**。

我們不是常在地藏菩薩的石像上看到**苔蘚或地衣**（類似黴菌，是菌類與藻類的共生體）嗎？苔蘚或地衣分泌**酸性物質以分解岩石**、**製造養分**，死後便形成少量的土壤。這些土壤積少成多，等種子入土，植物就能生長了。但是，土壤過少會讓植物枯萎再腐爛，腐爛代表了植物屍體被微生物分解，等分解完又形成了一些土壤。就這樣一點一滴，**歷經了數千年才形成大片土壤**。

日本是森林大國，樹木吸收養分儲存起來後有好幾百年的壽命，**等死後才變成土壤**，**生命周期相當漫長**。就這一點而言，**草本植物年年枯萎**，草原反而一直有土壤形成。北美大草原和烏克蘭的黑土區都是草原地帶，因此能夠成為世界的穀倉★。

與此同時，日本的高山很多，雨一落下，就把土壤沖刷進海裡，因此**肥沃的土壤意外地少**。「**黑土**」是混有火山灰的腐植土，日本的黑土層大概有一公尺厚（日本長年飄火山灰，一百年會堆積一公分左右）。比黑土層更深層的「**紅土**」，則是火山灰形成的黏土，幾乎沒有任何生物存在，鼴鼠也是分布在黑土層。

★熱帶雨林的分解速度太快，土壤既貧瘠又堅硬，因此能用牙齒挖地洞的嚙齒類取代鼴鼠，成為地底的居民。各大陸塊一定都存在著住地底挖土的動物。

鼴鼠說

我們是肉食派，雖然常被當作偷吃農作物的害獸，不過真兇是竊用我們地道的老鼠喔，我們挖土明明有助於土壤的空氣流通耶，唉唉……

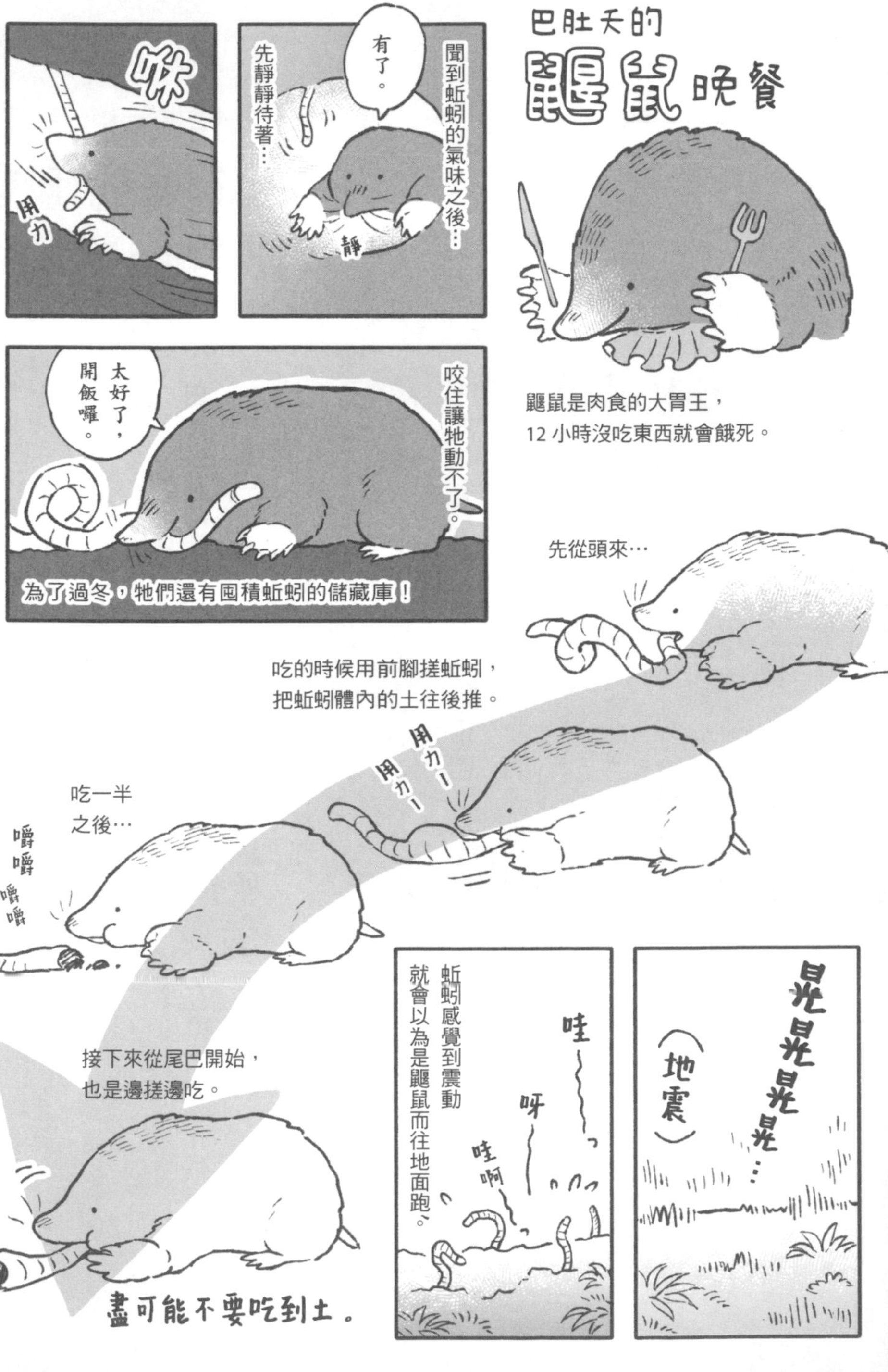
巴肚夭的
鼴鼠晚餐
聞到蚯蚓的氣味之後…
先靜靜待著…
有了。
靜
咻
用力
咬住讓牠動不了。
太好了，開飯囉。
為了過冬，牠們還有囤積蚯蚓的儲藏庫！
鼴鼠是肉食的大胃王，
12 小時沒吃東西就會餓死。
先從頭來…
吃的時候用前腳搓蚯蚓，
把蚯蚓體內的土往後推。
用力ー
用力ー
吃一半
之後…
嚼嚼
嚼嚼
接下來從尾巴開始，
也是邊搓邊吃。
盡可能不要吃到土。
晃晃晃晃晃…
（地震）
蚯蚓感覺到震動
就會以為是鼴鼠而往地面跑。
哇～
呀～
哇啊

№38

日本的鼴鼠正在上演東西大戰！

日本目前正在如火如荼進行一場鼴鼠大戰。一邊是掌控關東以北的**日本小鼴鼠**（*Mogera imaizumii*），另一邊是以關西為根據地的**日本鼴鼠**（*Mogera wogura*），箱根和金澤兩地連成一條兩軍交火的最前線，展開激烈的領域攻防戰。

日本小鼴鼠屬於小型鼴鼠，一般認為牠們在三十萬年前就來到日本，掌控了全國國土。而在大陸塊演化的**日本鼴鼠**較為大型，大小如橢圓長餐包，數萬年前從朝鮮半島進軍九州，一路驅逐日本小鼴鼠，不斷往北擴張勢力範圍。

日本鼴鼠比較大型，也善於打架，不過體型大也代表必須挖出更大的地道，而挖洞很消耗能量，於是牠們就得吃更多。日本鼴鼠在平地固然強大，但是山上的樹根是挖洞的阻礙，再加上山裡食物少，如此一來，反而是日本小鼴鼠較有勝算——牠們體型小，只要速吃速決，吃完再開溜就可以了。也就是說，**體型小更利於山區的游擊戰**。

我們在鼴鼠大戰的最前線測量地道大小，發現日本小鼴鼠（橫徑不到五點五公分）和日本鼴鼠（橫徑約六點五公分）都在**挖地道**，**兩軍互別苗頭**。日本鼴鼠正在緩緩地擴大陣地，如果繼續進軍下去，只要再五千年或一萬年左右，仙台這一帶以西肯定都會落入日本鼴鼠大軍手裡。

啊
好忙好忙！
日本小鼴鼠
日本鼴鼠
咚咚咚……
掉落掉落
啊，是二樓鄰居。
這一帶越來越不好住，搬去北邊一點好了。
鼴鼠的地底生活還有很多未解的謎團…
不過到了離巢時期，有些鼴鼠小孩會來到地面。
挖土
挖土
你們接下來要去尋找新家，
路上要小心貓狗喔。
嗯，再見。
這是鼴鼠生涯中幾乎唯一一次來到地面的時間…
許多鼴鼠都會落入其他生物手裡而死亡
保重喔。
看到了就想抓，但其實牠們不太好吃，喵…
貓
順帶一提，北海道沒有鼴鼠。
？
↑蝦夷花栗鼠

鼴鼠說

我們日本鼴鼠軍雖然掌控了西日本，不過山地或島上還是有沒被我們攻略的零星之地，那裡就是日本小鼴鼠的棲息地。

除此之外，還有一種比日本小鼴鼠更早出現的日本山鼴鼠（*Oreoscaptor mizura*），牠們體型更小，像亡命之徒一樣東躲西藏地活到現在。

鼩鼱是人類的老祖宗？

鼩鼱又名尖鼠，名字中雖然有「鼠」，卻不是老鼠。日本人總是把尾巴長的小動物叫作「鼠」，很容易混淆。鼩鼱是真獸類（有胎盤的哺乳類）中**最原始的生物**，也是鼴鼠的近親。老鼠吃的是橡實，而鼩鼱為主食是無脊椎動物的**肉食動物**，因此以前被歸類為「食蟲目」★。

鼩鼱有名副其實的**尖吻鼻**，尋找蟲子時，得仰賴牠們優異的嗅覺。大抵來說，鼩鼱的**吻肛長**約五到七公分，體型很小，不容易遇見，不過在山中偶爾能看到牠們的屍體。可能是因為鼩鼱不怎麼美味，其他動物都不會去吃，然而牠們確實是小巧可愛的生物，比大熊貓（*Ailuropoda melanoleuca*）可愛了一百倍。

人類和猿猴有共同的祖先，那麼再更早之前的祖先是誰呢？就是類似鼩鼱的動物（鼩鼱的祖先，這裡稱之為**原始鼴鼠**），生活在恐龍繁盛的白堊紀。六千六百萬前年，由於巨大隕石撞擊地球，全球氣溫下降，恐龍因而滅絕。靈長類就是在這段寒冷的期間倖存下來，並且適應樹上生活的原始鼴鼠；另一方面，鼩鼱則是沒什麼形態變化、維持類似生活的原始鼴鼠。這樣一想，也**不禁對鼩鼱產生了一些感激之情**。

★現在的分類為真盲缺目（Eulipotyphla）。

鼩鼱說

還有一種叫「日本鼩鼴（*Urotrichus talpoides*）」的原始鼴鼠，牠們沒有鼴鼠那麼擅長挖洞，只能淺挖落葉下方的土壤，過著所謂的「半地底」生活，生活區域剛好介於我們和鼴鼠之間呢！

大林姬鼠
?
沙沙
東京鼩鼱[1]，體型太小，平常很難發現。
吻肛長約5公分
其實牠們是技藝高超的獵人。
啪！
與自己差不多大的蟋蟀也照抓不誤。
用唾液中的毒性麻痺獵物。
啊啊
同為尖鼠科的日本麝鼩[2]，今天是小孩第一天來到外面的日子。
來，一起去冒險吧。
篷車隊行為
咬住前面的尾巴基部跟著走。
鼩鼱雖小，但是活動力旺盛
哇!?
沙沙沙

1 譯註：學名 *Sorex minutissimus hawkeri*。 2 譯註：學名 *Crocidura dsinezumi*。

№ 40

鼩鼱們出沒在雪原下的小小世界

前面提過，日本睡鼠和花栗鼠會在沒有食物的冬天冬眠，而囤積橡實的野生老鼠和食蟲的鼩鼱不會冬眠，那麼，牠們要怎麼度過寒冬？

請想像一下雪在草地上越積越厚的場景，草介於積雪和地面之間，形成大約三公分的縫隙。**位於緩衝區的這些草製造出了小小的空間，這就是小動物的通道**。

即便雪地上方的溫度為攝氏零下四十度，緩衝空間也不會低於負四度。假如有地熱加溫，溫度還會更高。這裡除了植物種子之外，還有蜘蛛存在，雪地下方如同沙漠中的綠洲，**是一個小而豐富的生態系**，而小動物也就是在這個空間中生活★。

雖然在雪地下方不必擔心大型猛禽從天上來襲，不過還是有狐狸會在雪地上行走，不能太鬆懈。狐狸會用那副三角大耳朵聽取細微的聲音，一旦有所懷疑，就會跳起來用鼻尖撞進雪地。除此之外，白鼬也可能鑽進雪下世界察看。

有一次我為了調查雪下世界，趁著秋天買了四十片夾板鋪在地上。那裡是北海道的原野，我鋪好夾板後插旗做標示，等下雪的二月回去，「嘰」一聲把木板拉起來之後……有了有了，大家都在這裡生活呢！

★在雪地騎雪上摩托車會破壞草叢通道，所以美國的國家公園禁止騎乘，規定很嚴格呢。

鼩鼱說

冬季期間，我們的腦部會縮小兩成左右，入春時再漸漸變回原本的大小。一般認為這是我們節省能量的方法，畢竟，腦部雖然小，卻很耗能嘛。

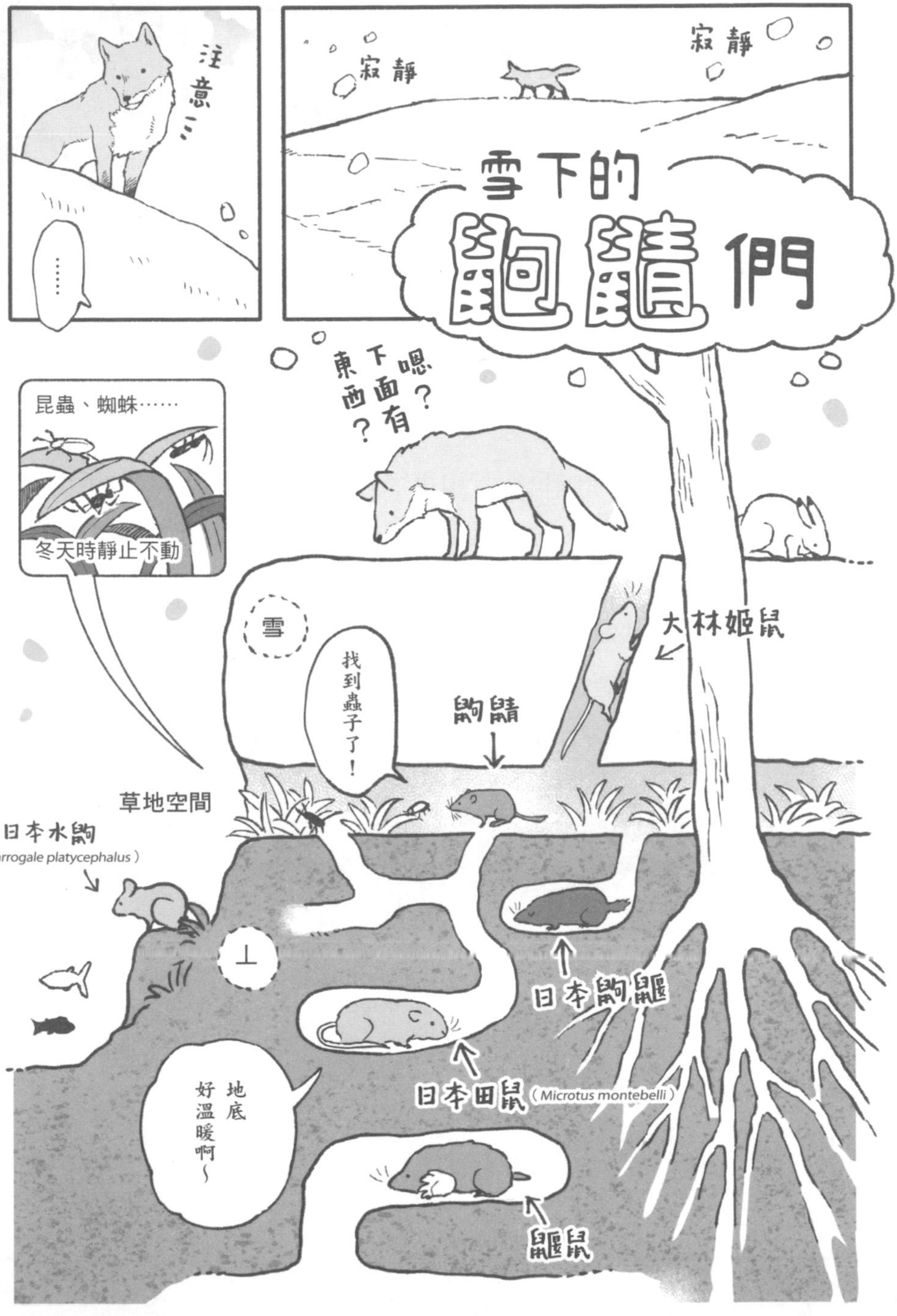

專欄②

我養的兔子為什麼都不正眼看我？

人類以為的「看起來應該是這樣」，在動物眼中有時卻是截然不同的樣子。兔子的眼睛長在頭部兩側，不用轉頭就能全方位看到三百六十度。你以為兔子沒有在看你，但其實牠們都看得到。

而且，兔子雙眼正前方和正後方的視野重疊，重疊的部分是「雙眼視覺」。牠們透過雙眼的視差掌握距離感，因此不需要特別轉頭，也知道狐狸追到哪裡了。

另一方面，貓、猿猴和人類的雙眼都在前方，前方的「雙眼視覺」範圍雖廣，卻看不到後方。不過，在狩獵或尋找水果的時候，仔細看向前方還是較為重要，不太需要特別去留意後方。

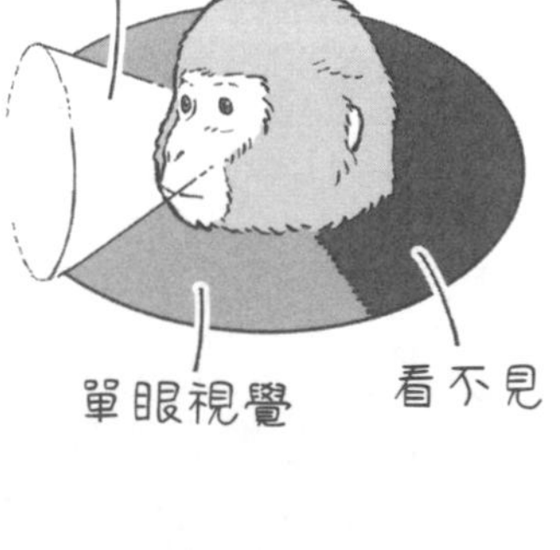

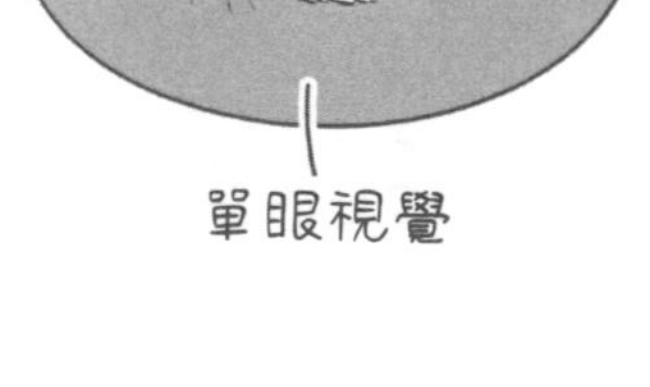

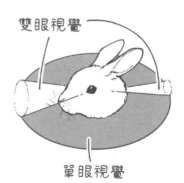

第三章

是離群索居好？還是成群結隊好？

№41

鹿眼又扁又長，而且還會旋轉

你們是否會覺得鹿和山羊的眼睛有點可怕？如果是，可能是因為鹿的瞳孔偏**水平長方形**。

貓的瞳孔在明亮的地方不是會**變垂直長方形**嗎？瞳孔是讓光線進入眼球的窗戶，光線強的時候，瞳孔會縮小，以免太過刺眼；相反來說，在陰暗的地方，瞳孔就會放大。除此之外，在感到**興奮或恐懼**的時候，瞳孔也會放大，如此一來才能看得更仔細、獲得更多資訊。

縮小瞳孔的方式因動物而異，多數哺乳類的瞳孔都是圓形的，包括人類、老虎、狗與熊★。

擁有垂直長方形瞳孔的是貓、狐狸、鱷魚和一些蛇類，這些動物的共通點是，牠們**趁光線很微弱的時間在草地狩獵，而且個頭也比較矮小**。一般認為這種細長的瞳孔可以做出更細緻的縮小動作，在草叢裡比較容易聚焦到獵物身上。

另一方面，鹿、馬、綿羊、山羊、日本髭羚、河馬的瞳孔則是**水平長方形**，這些都是**有蹄類的植食動物**。牠們需要看得更多更廣，確認掠食者是否存在，而水平長方形的瞳孔就是個方便的工具。鹿常常需要低頭吃草，牠們的眼睛還能**九十度旋轉**，眼球在低頭時轉向，讓瞳孔保持水平。

★人類的瞳孔可以從兩公釐（在亮處、放鬆時）放大到六公釐（在暗處、激動時）。

駱駝說

順帶一提，駱駝的瞳孔也是水平長方形，而且上下都有皺摺，在沙漠強烈的日照中扮演保護眼睛的功能。

№ 42

入秋後的雄鹿不但性情大變，而且還會爆瘦

鹿角會每年生長，而且只有雄鹿會長鹿角（馴鹿除外），那是因為鹿角不是用來抵禦外敵，而是雄鹿相爭時使用的武器。

生長初期的鹿角（**鹿茸**）會包覆著有如天鵝絨般的外皮，內部有血管，觸感溫暖而柔軟。然後鹿茸不斷變長，直到夏天結束時才停止生長，這時的鹿角已經硬化，變得像骨頭一樣。此時，雄鹿會尋找樹木來「磨角」，讓外皮脫落。

把硬角磨出來之後，終於準備好可以開戰了，牠們會發出「**咿呀——**」、「**咿呀——**」這種繁殖期才會聽到的叫聲。接下來，雄鹿在身上淋上自己的尿或在泥水中打滾，讓身體沾上**氣味**，然後一邊呼喚雌鹿，一邊威嚇其他的雄鹿。

雄鹿平常乖巧溫馴，但是一到繁殖期就**性情大變**，變得暴躁而易怒，牠們跟著雌鹿群走★，一旦有其他雄鹿靠近，就會把對方趕走。也由於這段時間的雄鹿太過血氣方剛，因此進入秋天尾聲就會**爆瘦**。

不過，其實**鹿角比較像是裝飾**，屬於雄性的象徵，雄鹿彼此並不常開打。若是看一眼發現：「**糟糕！那傢伙的角更雄偉！**」服輸的那一方就不會進行無謂的打鬥，只會趕緊開溜。**野生動物的負傷是與死亡緊密相聯的**，只有雙方鹿角一樣大的時候，才需要一較高下。

★雌鹿三、四隻成群，雄鹿在秋天時加入，採取一夫多妻制。雄鹿基本上單獨行動，不過繁殖期以外的時候，也可能形成比較不緊密的群體。

鹿說

奈良公園的鹿被人類以危險為由而鋸掉鹿角了，實在好可憐。不過即便沒了角，吵架時還是當自己有角一樣，不管平常相處多融洽，到了繁殖期仍然會起衝突。

№ 43

鹿角互卡可能會卡出鹿命？

雌性動物基本上要負擔比較多生產與育幼的責任，因此從結果來說，雌性傾向選擇值得自己付出生育勞力的雄性。相對而言，雄性動物得發出較特別的叫聲、擁有較華麗的外形，藉此對雌性展示自己的實力★。雄偉的鹿角也具有向雌鹿展示的作用，不過，鹿角在小鹿誕生後就無用武之地了，因此冬天到春天之間會**從基部整支脫落**。

小雄鹿出生的那一年（為了計算方便，動物的歲數以「虛歲」計算，出生就算一歲）還沒長角，隔年兩歲的春天才會左右各長一支出來，此時的鹿茸名為「初茸角」。三歲時，鹿角會開始分為兩岔，四歲三岔，到五歲四岔時鹿角長成，分岔處總共有三處，角有四支，稱為「**四尖三叉**」。鹿角到此便不再繼續分岔，只會變得更粗更雄壯。在五歲之前，只要看鹿角就知道雄鹿的年齡。

比日本的鹿演化更久的歐洲馴鹿（*Rangifer tarandus*）有五根角，是「五尖四叉」呢。而阿拉斯加的麋鹿（*Alces alces*）鹿角又更大更複雜，雖然很帥氣，但兩鹿相爭的時候可能會**卡住而分不開**，**害自己活活餓死**。可見生物身上也是會發生這種「演化反被演化誤」的情況。

★部分鳥類的育雛是以雄鳥為主，雌鳥只負責生蛋，這些鳥種就是雌鳥要負責求偶示愛了。

馴鹿說

馴鹿是雌雄都長角的唯一鹿種。有些狡猾的雄鹿，會在馴鹿媽媽挖出雪底下的苔蘚餵食小孩的時候趁機靠近，明明春天鹿角都脱落了，雄鹿還是氣焰囂張得想要搶食，此時雌鹿就會用鹿角擊退牠們。

№ 44

為什麼鹿會時不時舔食地面？

植食動物知道哪裡有鹽，牠們的活動範圍內一定會有適宜的休息區、躲藏區、飲水區和食鹽區。

說到鹽分，大家或許會聯想到海水，**不過海中的鹽分本來就是來自山上**。大海剛形成的時候是淡水，岩石在雨水沖刷之下被送進大海，其中的鹽分在海中溶解，才讓海水變得那麼鹹。

鹿群和日本髭羚會記得鹽分多的岩石或含有鹽分的水池在哪裡，除了前往這些食鹽區之外，最近的牠們似乎還會舔食含有鹽分的**水泥**或製作成**抗凍劑**、灑在路上的氯化鈣。為什麼牠們想要攝取鹽分呢？前面說過，植食動物能消化草本植物纖維是因為牠們**胃部或盲腸養著細菌**（頁94），但是**草本植物被細菌分解時會產生酸性物質**★，在體內形成代謝物。要是酸性過強，**細菌也會被反噬**，導致體內酸鹼不平衡，於是鹿群就會以舔食鹽分的方式讓自己舒服一些。鹽分屬於中性到鹼性，不但可以中和酸性，從結果來說，也有益於胃中的細菌。

即便沒有這種需求，動物本來就需要仰賴鹽分才能維持身體正常運作，比方說人類要是因為流汗失去太多鹽分，也會導致中暑，甚至死亡。

★同理可證，落葉被分解後，會讓土壤變成酸性，人類以前就會透過火耕的方式，使用灰燼（鹼性）中和酸性的土壤。

野生動物為了補充鹽分而吃了很多苦頭。
滲出鹽分的裸岩峭壁……
含有鹽分的植物……
水泥……
路上的抗凍劑。
追求鹹食……
順帶一提，有些鹿會跑到鐵軌上舔食，不過牠們是在補充鐵質。
鐵軌好好吃ー
很危險耶ー

老虎說

你們不覺得血有點鹹嗎？我們肉食動物可以從獵物的血液中獲得鹽分，因此不必特地攝取。謝謝植食動物！你們先替我們補充鹽分了。

狸貓透過「糞堆」來交換消息

狸貓（又名狸子、貉子）與狐狸和狗同為犬科動物，但狐狸和犬隻在草原狩獵，狸貓基本上是孤伶伶地（有時會兩兩一對，形成較鬆散的配偶關係）在森林中遊蕩。無論是果實、昆蟲、蚯蚓、瀕死的小型鳥，只要是能吃的東西都來者不拒。牠們是犬科中最原始的種類，狩獵本領不是很高強，因此很少打獵。

日本人都很熟悉狸貓，不過牠們只出現在中國東部、朝鮮半島和日本，放眼全世界，稱得上滿稀有的。新加坡的動物園曾經將稀有的「侏儒河馬」贈予日本的動物園，當時他們想要交換的就是狸貓。

講到狸貓，很多人想到的是「糞堆」。狸貓的活動範圍中有大約十個「共用廁所」，廁所大小各不相同，如果是好幾個家族使用，廁所規模就會非常驚人，那裡看不到任何落葉，只有黑色的糞堆。

我在糞堆區架設了紅外線自動照相機，發現有些狸貓會在夜裡來糞堆左右聞，然後馬上離開，而有些則會在離開前先添上自己的。這就好比狗在電線桿排尿，糞堆也是狸貓彼此交換消息的地方。牠們從糞堆可以概略得知附近有幾隻狸貓、是公是母，以及牠們的健康狀態。狸貓是雜食性動物，這是牠們領域性不太強、活動範圍常常重疊的原因之一。

狸貓說

我們是雜食性，對於食物是來者不拒，如果都市裡的植物夠多，就還熬得過去，二〇〇七年就有人在皇居外苑發現糞堆區。但是曾經有調查指出，狸貓的死因八成是汽車路殺（川崎市），可見都市生活不容易啊……

啊！有糞堆區。
我聞聞——
聞— 聞—
好像是五口之家在使用這個地方啊。
嗯…？一星期前好像有一隻單獨的母狸貓路過。
從糞堆中的種子來看…
附近有一個地方，那裡很多柿子結果了。
啊，還有木通！
好，在附近覓食吧。
糞堆區有時候會被棄用，或者改變地點！
入春後，種子一口氣在棄用的糞堆中發芽。

№ 46

相親相愛的狸貓夫妻

犬科動物之中的公狐和公狸貓都會協助育幼，尤其**狸貓夫妻，那更是相親相愛**★。在攝影機畫面中，總是能一眼看出這一對是不是狸貓夫妻。覓食的母狸貓會自顧自地往前走，而公狸貓則是一步步跟在後面。公母狸貓的體格差異並不大，小孩斷奶之後，狸貓爸爸會留下來幫忙理毛或找食物，不會離開。

幼狸貓全身漆黑，常常被誤認為小熊。幼獸時期的黑色毛皮是犬科動物的特徵，可能是因為牠們出生於**洞穴深處**，黑色比較不顯眼。狐狸小時候也是黑色，離巢前才變成黃褐色，而黃褐色多半也是保護色，讓牠們在秋天開始獨立時，可以融入金色的草原。狸貓全身呈現淺咖啡色，只有眼周、肩部和手腳是黑的，身在到處是樹木和岩石的森林之中，**狸貓穿斑點裝比較有偽裝的效果**，好比人類穿迷彩服那樣，可以提高隱蔽性。

狸貓小孩在春天出生之後，一家三口形成一個群體，那一年的秋天到冬天全家都會一起生活（有些群體則是維持更久）。而且狸貓的繁殖群和狐狸類似，就是年幼的母狸貓可能留在群體內，隔年一起幫忙帶小孩。狸貓**不會冬眠，秋天時胖到腹部幾乎貼到地上**（一般人對狸貓都是胖嘟嘟的印象，但是夏天的牠們卻意外苗條）。到了冬天連日低溫時，牠們會有一星期左右幾乎都不活動，以減少熱量消耗的方式熬過冬天。

★哺乳類中，夫妻攜手一生的情況很少，除了狸貓之外還有長臂猿，鳥類的例子也比較多。

負鼠說

日文雖然會說「裝睡的狸貓叫不醒」，但其實牠們的「裝睡」只是嚇到動彈不得而已吧？根本比不上我們負鼠使出渾身解術的「裝死」功，我們還會分泌臭燻燻的唾液，製造屍臭效果呢。

秋天是年幼狸貓離巢的季節。
好好獨立喔。
爸爸媽媽也要保重喔！
安靜……
呵呵…
突然好寂寞喔…
好久沒這樣了，我們夫妻倆去散個心吧。
牠們一起去新的地方散步…
尋找好吃的食物…
隨便找地方睡…
這裡要不要當作明年的育幼巢？
入春後又會兩兩一對，在五到六月時生產。

№ 47

美味的是狸貓還是獾？

我在年輕時造訪岐阜縣，曾聽獵人說過「有些狸貓好吃，有些難吃」，好像是在說狸貓的肉很腥。腥不腥可能因個體而異，但我覺得狸貓肉有種氨水的臭味，或者說襪子的臭酸味……而且不怎麼鮮美。一般來說，**肉食動物不美味，植食動物才美味**，而狸貓口不擇食，吃的都是蜈蚣、螯蝦這種不怎麼正常的食物，這或許是牠們難吃的原因。

那麼「美味的狸貓」是什麼？我猜測應該是「**獾**」。英國都會賣獾肉罐頭了，想必獾肉應該是好吃的。成語「一丘之貉」的貉，指的是狸貓和獾，牠們有共用巢穴（應該說是**狸貓擅自使用獾挖的洞穴**）的習慣，所以過去常常被混為一談。

其實我認為「獾」的古名就是「貉」，大正時代（一九一二至一九二六年）發生過「**狸貓與貉**」的盜獵爭議，那個時期的法律規定禁捕狸貓，被指控獵捕狸貓的被告宣稱「**這不是狸貓，是貉**」，事情鬧上了法庭。最後審判結果是無罪，但是後來「貉」就可以指涉狸貓與獾了（被告捕到的確實是狸貓，但他真正想獵的或許是美味的獾吧）。

更麻煩的是，獾雖然又名「狗獾」，日文名是「穴熊」，但是**牠們既不是熊**，更不是犬科動物，獾在分類上屬於**鼬科**[3]。

3　譯註：台灣常見的鼬獾也是鼬科，但與獾不同屬。

獾說

獾再不濟都是鼬科動物，哪怕對方是狗，只要我們被攻擊了，就會反擊，而且鼬科動物的毛皮很厚，難攻易守呢。

狸貓是犬科。
啊，狸貓？
不是啦，
我是獾。
日本獾
獾是鼬科。
體型矮矮胖胖
鼻梁泛白
眼睛上下是黑色
用前腳的利爪挖洞
四肢又粗又短
獾在歐洲是印象很深植人心的動物，相當受歡迎。
歐洲沒有狸貓，所以不會有誤認的問題。
邊走邊用鼻尖戳地面找蚯蚓……
留下碗狀的小洞。

№ 48

讓狸貓覺得有點煩的獾

前面提過，狸貓是比較古怪的犬科動物，獾也一樣，明明是鼬科，卻不怎麼狩獵，可以說是**鼬界的狸貓**。獾與狸貓同樣是雜食動物，獾肉卻比較美味，這代表著牠們吃了更多的果實。日本稱獾為「穴熊」，正是因為牠們會挖洞，而且洞穴可深及一公尺、全長可達二十至一百公尺，裡面有好幾個出口和巢室。洞穴世界錯綜複雜，有的甚至代代相傳而不斷擴張。為了住得更舒適，牠們不但會在巢室內鋪上枯草，還會趁連日下雨之後的好天氣，**將潮濕的枯草搬出洞穴曬太陽**，等傍晚再收回來。無論是人類或獾，都想睡在被太陽曬過的蓬鬆被窩裡呢。

狸貓也會在土質鬆軟的地方挖地洞作為巢穴，但是牠們自己挖得不深，所以寄居在獾的巢穴比較快。即便主人就在裡面，仍然登堂入室當一隻寄居狸。有人曾在奧多摩目擊年幼的狸貓一個個走出獾巢，可見牠們**連生產都要寄居在別人家**，**實在是很厚臉皮**。

獾對此應該很不耐煩，但不知道為什麼沒有把狸貓掃地出門。動物的衝突基本上與兩件事有關：①「吃與被吃」的關係；②種內爭奪食物或雌性。除此之外，就不太會發生**無謂的爭吵**了。

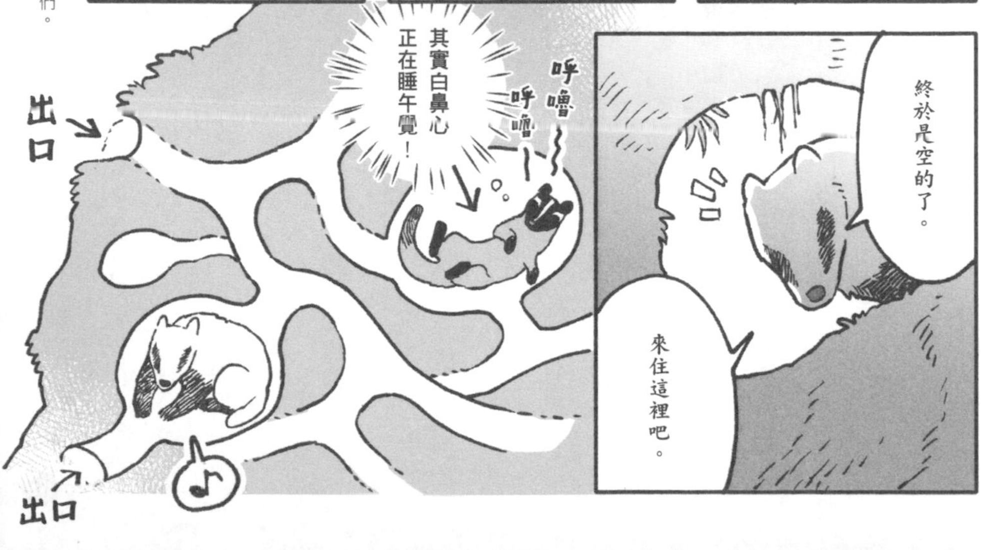

獾說

聽過臘腸狗嗎？這種狗經過幾十年的改良，改良成體長腳短的形態，為的就是要鑽進洞穴裡抓我們。

№ 49

鹿為什麼要選擇群體生活？

前面介紹的多數動物，除了繁殖或育幼時期，其他時間都是**單獨生活的物種**。同物種生活在一處，會因為覓食領域重疊而容易起衝突，比較例外的是鹿群（雌鹿為主）。

群體生活的優勢在於只要有**一隻鹿注意到外敵靠近就夠了**。鹿群中的個體發現可疑外敵時，會立刻大聲發出「咻、咻——」的警戒聲（這個聲音本來應該是用來提醒幼鹿的），緊張時還會豎起鹿毛，**白色的臀部毛也自動擴張**，這對於其他同伴來說，就是逃跑的訊號。

對於掠食者來說，獵物形成群體之後本來就**不好攻擊**。比如說候鳥遇到遊隼的時候會猛地靠攏，遊隼衝進鳥群可能傷及翅膀，便不能一頭撞進去了。小魚的大型群體也是同樣的道理。無論對於灰狼或獅子來說，只要一受傷，都是足以致命的，所以牠們不會攻擊整個群體，而是專挑**比較虛弱**、**腳程比較慢**，以及**從群體中脫隊的個體**下手。我們常聽到的「背對熊逃跑，熊就會追上來」也是這個道理，在掠食者眼裡，**嚇得自己開溜的個體最好攻擊**。

那麼，鹿群要怎麼解決食物相關的爭執？沒錯，鹿的主食是**隨處可見**、**數量充足的草和樹葉**，**所以沒什麼好爭執的**。比起搶食問題，形成群體的利益反而更大。

綿羊說

草原上有吃不完的草，但卻沒有地方可以藏身，因此，比起山上的山羊，生活在草原的我們若是形成群體，則會更加有利，有時候綿羊群的數量會上看好幾百頭喔。

雌鹿群的成員數量通常是兩到三隻。
大多為母女或姊妹
吃吃—
吃吃—
吃吃—
反芻中
沙沙
雄鹿也會形成不緊密的群體。
吃吃—
吃吃—
吃吃—
不過，牠們在非繁殖期時不會理會彼此。
咚—
咚—
咚—
咚—
咚—
在草原上，鹿群可能是由幾十隻個體組成的。

№ 50

野生獼猴其實沒有「猴王」

日本獼猴（*Macaca fuscata*）會由十幾隻到一百五十隻個體**組成猴群**，猴群基本上以有血緣關係的雌猴為核心，並加上幾隻雄猴個體。

為了避免搶奪食物，猴群中的雄雌猴各有**位階之分**。位階高的可以先取得好食物、睡好地方，位階低的個體要禮讓位階高的。這樣一來，生活中才不會發生無謂的爭吵。

曾有一位獼猴的研究員很好奇：「哪一隻日本獼猴的位階比較高？」因此進行了「**蜜柑實驗**」。他在兩隻獼猴之間放置一顆蜜柑，結果**率先拿取蜜柑**的一定是位階高的獼猴，此時的牠們可能會對位階低的獼猴做出威嚇動作，也可能實際進行攻擊，受到攻擊的獼猴則是**哭喪著臉**逃走。我們去動物園不是會聽到猴子群體中傳出**激烈的叫聲**嗎？這些常常是吵架聲，或者說是以大欺小……嗯，就結果來說，猴群還是免不了衝突啊。

然而在觀察野生獼猴時，我們發現獼猴**既不會大叫**，**也不會吵架**。這是為什麼？因為獼猴愛吃的水果和嫩芽都**分散在不同的樹上**，每隻個體分散開來覓食，自然沒必要為了食物爭吵。弱者只要遠離強者就可以平安無事，**野外的世界沒有所謂的「猴王」**★。

★動物園通常是在小地方餵養多隻獼猴，在小空間集中餵食的情況下，獼猴之間就會形成競爭關係，也會開始搶奪猴王的地位。

獼猴說

動物園中的猴王未必是群體中的強者。沒有人喜歡跋扈的暴君獼猴，暴君撐不了多久，雌猴們就會組成同盟將牠趕下台。大家推崇的是會照顧大家的體貼獼猴。

在動物園裡的猴子山…
強猴
啪ッ
啊…
弱猴
嗚嗚嗚…
啊
呀
壓力
!?
更弱的獼猴
吵鬧
嘰
什麼？
什麼？
吵鬧
吵鬧
一吵起來就不可開交。
然而，野生的獼猴…
發呆~
好吃好吃ー
這個好苦。
掉落
迅速
沒事ー
唉呀，打擾了。
意外地和平。

雌猴的老經驗是猴群的保命符

「猴王」不等於「領導者」，我曾經看過領導者引領猴群的瞬間。影片的地點是下北半島[4]，在冬天厚厚的積雪中，幾乎沒有食物，有一隻**老雌猴突然開始往前走**，雖然牠沒有要其他成員跟上，但是年輕的個體都跟隨在牠身後，畢竟一直在雪中遊蕩也不是辦法。最後，猴群抵達了殘留著秋天果實的地方。老雌猴開始吃果實，年輕個體也跟著吃，老雌猴因此受到成員的尊敬，領導者就是這樣自然形成的。

大象的情況也相同，象群能夠**記住食物或水的所在地**，而許多母象都擁有**豐富的經驗**，自然就會由母象擔任領導者。母象經驗老到的原因在於繁殖期的牠們不會四處遊走，一心專注進食和育幼，而公象會為了母象起爭執，通常也不記得其他事。母象比較有餘力觀察並記憶，壽命通常也較長，因此才能幫助整個群體。

某項調查針對經歷過乾旱的大象進行研究，發現**象群的領導者如果是年長母象，幼象獲救的機率更高**。而且在乾旱時離開平常的活動範圍，出去找水的只有一個群體，那個群體的領導者就是經歷過四十年前大旱的母象。**長遠來看，比起力量，經驗更為關鍵**。

4　編註：位於青森縣東北部，北臨津輕海峽，整個半島為下北半島國定公園。

獼猴說

富士山上沒有日本獼猴，因為富士山是火山噴發後形成的年輕熔岩山，山上連一條河流都沒有，自然也不會有樹木結出美味的果實！

No 52

叫聲是獼猴的定位系統

★黑猩猩基本上是雄性留在原生群體，雌性遷出。在哺乳類中，雄留雌走的情況是相當罕見的，為什麼黑猩猩會有這種習性呢？

日本獼猴的雄猴會在約莫四歲時離開原生群體，加入附近的其他群體，過了幾年**可能又會遷出**。加入不同群體能夠與各種雌猴交配，傳播自己的基因，因此野生雄猴不會執著於猴王的地位，也不會霸占雌猴不放★。

野生猴群在同一個地方停留的時間是數日到四十日。猴子喜歡水果、堅果和嫩芽，這些食物在不同季節，出現的地方各不相同，採完以後就沒得吃了，所以牠們需要移動。猴群在樹上吃飽睡，睡飽吃，然後離開……過一、兩個月後，同個地方還會冒出新芽，到時候再回來住。

牠們不會隨便亂走一通，移動的範圍有一個固定的區域，這就是猴群的「活動範圍」，牠們是在**這個範圍內過著不斷移動的生活**。為什麼動物不前往陌生的土地呢？因為牠們**比較熟悉自己居住區域的地理環境**，**比較熟悉自然比較安全**。

猴群在移動時會發出「**咕——**」的叫聲彼此溝通。牠們生活在森林這樣視野不佳的環境裡，發出叫聲以後，其他個體才知道「**啊，那傢伙現在在移動**」。這種定位用的叫聲本來是母子之間的暗號。有一項在屋久島的研究發現，發出最多「咕」聲的往往是**優勢雌猴**。狐狸和狸貓是以氣味掌握彼此的訊息，而猿猴則是**以聲音互通訊息**。

獼猴說

猴群之間的活動範圍有部分重疊，不像領域一樣涇渭分明，因此衝突難以避免，遇到隔壁猴群時，也會發生小規模打鬥……不過成員少的猴群基本上會主動退讓。

No 53

獼猴真的會泡澡嗎？

很多人都聽過日本獼猴泡溫泉，不過，牠們**並不是天生就會泡澡**的。猴子本來就不需要洗澡，牠們平常只會為彼此理毛，把灰塵、毛屑和蝨卵★**挑出來一口吃掉**。

泡溫泉的猴子起源於長野縣的「地獄谷野猿公苑」，園方為了招攬生意，在一九六三年開始餵食野猴，每天餵食八十隻不等的猴子兩次，食物是蘋果、麥子和豆類。起初，他們把蘋果丟進溫泉裡時，成年獼猴沒有跳進去拿，倒是好奇心旺盛的**幼猴**進去拿了。後來連母猴都下水後才發現：「溫泉很可以耶！」等到那隻幼猴長大以後，猴群都會下水了。

不過，雄猴似乎是不泡澡的，畢竟雄性通常很保守，比較會挑戰不同行為模式的是幼體與雌性。在宮崎縣一個叫幸島的地方，也有人餵養一群猴子，這群猴子會把**地瓜過水清洗後再吃掉**，這個行為最先也是發生在年幼的雌猴身上。

一九五三年，成功餵養猴群的隔年，一開始只有年幼的雌猴自己在河邊洗地瓜，後來母猴、兄弟和玩伴都開始模仿牠，才漸漸學會在海邊洗食物。在海邊清洗不但能讓食物變乾淨，還能附加**鹹味**，算是一舉兩得。據說，牠們後來還學會了**洗小麥**，把沾滿沙土的小麥撒進水中後，只有麥粒會浮起，吃的時候只需要撈那些麥粒即可。

★常有人誤以為猴子是在抓跳蚤，但跳蚤產卵的地方不是身體而是巢材，猴子不築巢，所以根本沒有跳蚤存在。

獼猴說

猿猴家族（靈長類）基本上都生活在熱帶地區，日本獼猴則是進軍到最北邊的猴種，寒冷的時候，幾隻猴子會靠攏在一起熬過低溫（日本人稱之為獼猴團子）。

每一個猴群都有自己的文化行為。
「泡溫泉」行為……
你泡好久喔。
壓力很大啊……
唉～
天堂……
位階越高的雌猴泡越久
「和好抱抱」行為……
主要是雌猴抱雌猴
不同區域有不同抱法。
側面抱
正面抱
「操弄石頭」行為……
蒐集石頭
磨擦石頭……
在手中翻動
※人類餵養的猴子會出現的行為
製造聲音
只要有成員開始做有趣的事情……
喔喔～
就可能衍生出新的文化。

№ 54

獼猴的指甲是關係親密的象徵

獼猴的理毛行為會發生在感情好的獼猴之間，很多時候是有血緣關係的獼猴，但不是也無所謂。理毛可以幫助放鬆、鞏固彼此感情，據說，理毛的行為在發生爭執或氣氛緊張之後會增加。假如A猴常常替B猴理毛，在A發生衝突時，B可能也會去助陣。

與其為了食物起衝突，**猴子這種動物寧可選擇與同伴維持好感情**，關於這一點，看牠們的「指甲」就知道了。猴子和人類擁有的都是扁平的「指甲」，在動物界中相當罕見★。大部分動物擁有的是「爪子」，爪子的形態很適合扣住物體，但是靈長目卻只有**高等的猿猴長指甲——適合抓取物品**。甲面是補強工具，沒有甲面的手指會彎曲抓不起東西。因此我認為，**指甲可能就是為了理毛才出現的構造**。而有了指甲之後，靈長類的手部變得很靈巧，人類才有辦法製作各種工具。

爬樹時固然要用爪子比較有利，不過，有指甲的物種也演化出有助於防滑的指紋。些微的凹凸不平在防滑上就能產生極為不同的功效，比方說南美的**蜘蛛猴**是把尾巴捲在樹上，因此**形成了尾巴上的指紋**，攀抓尤加利樹的無尾熊，手上也有指紋。指紋上有汗腺，出汗時手會濕濕的，各位在**緊張的時候也會出手汗吧**？手汗其實是為了防滑用的，不過要是汗量太多，反而容易滑，這時候就要把汗擦乾淨了。

★為什麼人類沒有毛？思考這個問題滿有趣的。我的推測是人類腦部大、容易發熱，沒有毛才能讓腦部降溫，不過這個問題目前尚未有定論。

獼猴說

我們不是常常坐下來，空出前肢去抓東西嗎？其實我們尾巴基部左右各有一個「坐骨胼胝」，這是與生俱來，像繭一樣硬的部位，讓我們坐再久都不會痛，也不需要坐墊！

No 55

飛峭走壁的日本髭羚

日本髭羚在種間競爭中敗給了山羊和綿羊，成為生存在**裸岩峭壁**的物種。很多人以為牠們的棲地位於深山，不過，只要有碎石坡或峭壁，最低在海拔三百公尺的地方也能看到牠們的蹤影。

犬類或熊隻遇到陡峭的懸崖通常只能舉手投降，因此這樣的環境對日本髭羚來說很安全，即便偶有一些敵人鍥而不捨追上來，日本髭羚只要用角一頂，就能把牠們推到谷底。日本髭羚無論公母都有長角，因為角是牠們抵禦外敵的武器。除此之外，牠們只要用堅硬的腳蹄稍微勾住牆角，就能攀上峭壁，因此以前的人都說「**日本髭羚的蹄可以吸附石頭**」，箇中原理**相當於人類穿的登山靴**。

鹿是群居動物，而日本髭羚**具有領域性**，**過著獨居的生活**。日本髭羚是人稱**冰河期孑遺**的古老動物，牠們躲在裸岩峭壁的環境中生活，因此不會形成群體，畢竟在峭壁上群居，只會演變成你推我擠大賽。

鹿群是邊走邊排出一顆顆糞粒，日本髭羚則通常在固定的地方排便，糞粒約有四百顆。此外，牠們的眼睛下方具有**眼下腺**，眼下腺會分泌類似透明蜂蜜的液體，將液體塗抹在樹枝或樹幹上，可以**標示自己的領域**。雄性有雄性的領域，雌性有雌性的領域，不過雄雌之間的領域會重疊。因此氣味的標記具有雙重意義，對同性來說是「**不准過來**」，對異性來說是「**過來這裡**」。

日本鬣羚說

我們的腳蹄間（蹄腺）也會分泌黏液，凡走過必留下氣味，不但知道自己走過哪裡，也知道其他日本鬣羚的去處。

日本鬣羚的一天
早安！
先來排便。
在固定的地方排便
清晨
樹上的嫩葉或軟的樹枝
吃飯吃飯。
有時候邊做記號邊移動。
磨磨磨磨
磨角
眼下腺
中午
天氣好熱，白天就好好休息吧。
反芻中
傍晚
繼續吃飯移動。
夜晚
今天在這一帶休息吧。
※春天到秋天沒有固定的棲所

日本鬣羚因為愛吃樹葉而孤獨？

日本鬣羚的育幼期偏長，母子至少會在一起兩、三年，有一次我在觀察一對母子檔時，下方又來了一頭日本鬣羚，原以為牠們要吵起來了，結果新來的似乎是媽媽以前的小孩。小孩感覺想跟母子檔在一起，但是媽媽一副「**你又來了啊**」的樣子，沒有太理會牠。親代身邊有小孩子的時候，會把以前的小孩趕走，代表「**你也要獨立、擁有自己的領域**」。

日本鬣羚的主食是樹葉、小樹枝和草，硬要細分的話，牠們喜歡的是**嫩芽和嫩葉**。這種動物稱為「**食葉動物（淺嘗輒止派）**」，牠們不會形成大型群體，通常具有領域性並且單獨生活，**黑犀牛**就是典型的食葉動物。有營養的樹葉不會大量集中在同一個地方，一個群體分著吃，很快就會寅吃卯糧，還不如每個個體分散開來。

鹿群除了樹葉之外，也愛吃草，**這種大口吃草的被稱為「食草動物（大吃大喝派）」**，最典型的例子是**白犀牛**。草的數量很多，足夠讓一整群動物分食。雖然草或樹葉都是鹿的食物，不過食葉動物和食草動物的主食不同，兩者可以住在同樣的區域，一如黑犀牛和白犀牛。

我架設在森林裡的攝影機曾經拍到一隻來來去去的日本鬣羚，牠每天都在**巡邏自己的領域**。

斑馬說

疏樹草原上有很多種食草動物，同樣都是吃草，還是會細分吃的部位，彼此才能共存。

首先是斑馬來把最硬的前端吃掉，接著牛羚吃中段，最後是瞪羚食用乾燥的根部。

食草動物
（大吃大喝派）
・大量攝食營養價值低的草
・消化器官發達
・可能形成大型的群體
食葉動物
（淺嘗輒止派）
・選擇比較營養的樹葉
・消化器官不發達
・不會形成大型的群體
黑犀牛
嘴部前端較尖，
方便咬住樹葉。
白犀牛
嘴部平坦，
方便吃草。
日本髭羚
硬要說的話，
比較喜歡大片
樹葉和果實。
鹿
吃竹葉或
禾本科的草。
綿羊
喜歡牧草。
山羊
在蠻荒之地
也活得下去，
但是信紙會
害牠們吃壞
肚子[5]。

5　譯註：出自日本童謠〈山羊信紙之歌〉，「黑山羊送信來了／白山羊讀也沒讀就吃下去了。」

№ 57

傻呼呼的日本髭羚

日本髭羚的毛皮又厚又蓬鬆，耐寒而怕熱。富士山上的日本髭羚夏天待在高海拔的涼爽地區，冬天才下遷。

牠們身上毛茸茸的毛皮以前可以賣到好價錢，日本髭羚肉也很美味，因此獵人都趨之若鶩，導致有一個時期的日本髭羚**數量減少**，只剩下大約三千隻，直到一九五五年被指定特別為天然紀念物後，數量才開始回升。

對獵人來說，日本髭羚是很容易抓到的獵物，雖然牠們戒心強，但是好奇心更強，在山上遇到人類不會逃跑，反而會**盯著看**——「那裡好像有東西，是什麼？好稀奇喔，是什麼？」可能是因為牠們視力沒有很好吧。

而且日本髭羚大多出沒在崖壁處，很好瞄準，冬天的寒冷日子裡，牠們在視野好的峭壁上一站就是好幾個小時，獵人稱之為「**寒立**」。我想，站在那裡應該是在反芻吧。此時會有一個獵人先**跳舞**，**吸引日本髭羚的注意**，然後其他獵人就開槍射擊。日本髭羚以為峭壁是個安全之地，萬萬沒想到子彈會飛過來，因此獵人過去都稱呼牠們為「**笨獸**」、「**跳舞獸**」、「**蠢肉**」或「**笨蛋**」，真的很缺德。

冬天的日本鬣羚會長出又白又軟的毛茸茸底毛。
毛毛
毛毛
底毛在春天就脫落了…
很溫暖
沙沙沙…
落毛↓
啊，這是很棒的巢材耶。
鬆軟
請問…
我可以再拿一些剛掉的冬毛嗎？
嗯？好啊，反正用不著了。
謝謝你。
毛毛♪
毛毛
你這麼喜歡喔？
鬆軟鬆軟
雖然蒐集了很多種材料，不過還是日本鬣羚的冬毛最棒。

日本鬣羚說

冬天的食物很少，所以我們會咬竹葉、枯葉、樹皮或吃冬芽，想辦法熬過去。除此之外，用腳蹄稍微挖一下，也可以挖出藏在落葉下的日本山毛櫸果實，冬天的食物就是這些了。

No 58

透露日本髭羚年紀的角環

日本髭羚不是鹿，而是牛科動物。鹿牛之間有一個很大的差異，鹿科的角每年換，但是牛科的角會用一輩子而且不會分岔。

牛科動物在頭骨上會長出突出的「洞角」，洞角上套著一層堅硬的「角鞘」，這層角鞘在兩歲前發育快速，成年之後還會繼續慢慢生長。角的長度在春天到秋天期間慢慢增加，但是在食物缺乏的冬天就幾乎不會增加。角底部每年形成一環「**角年輪**」，因此有人認為，計算年輪環數就知道這隻日本髭羚大概幾歲★。

雄性的「角年輪」間隔相等，而雌性的可能有幾環**間隔比較小**，這代表牠在那一年產子，營養不足以供應給角部。

日本髭羚會在**小樹上磨自己的角**。牠們通常都選擇山稜沿線的小樹，而非粗壯的大樹。假如在四十公分高的地方看到雕刻刀削過的痕跡，就知道是日本髭羚了。

據說牠們大多在**領域的邊界**磨角，所以磨角時也可能抹自己的眼下腺當作標記。假如走在日本髭羚的路徑上發現了這一類的磨角痕跡，不妨也仔細觀察你的四周，或許能找到日本髭羚的食痕，比方說莖或葉的前端被撕裂的痕跡。

★也有人認為角上本來就有環，角環只是隨著角長增加長出來而已。

日本髭羚說

牛科（以及鹿科）沒有上排門齒，我們的上顎位置像木板一樣平坦，與下排門齒一磨就可以咬斷葉子，因此我們所吃之處常常留下被撕裂的葉子纖維。

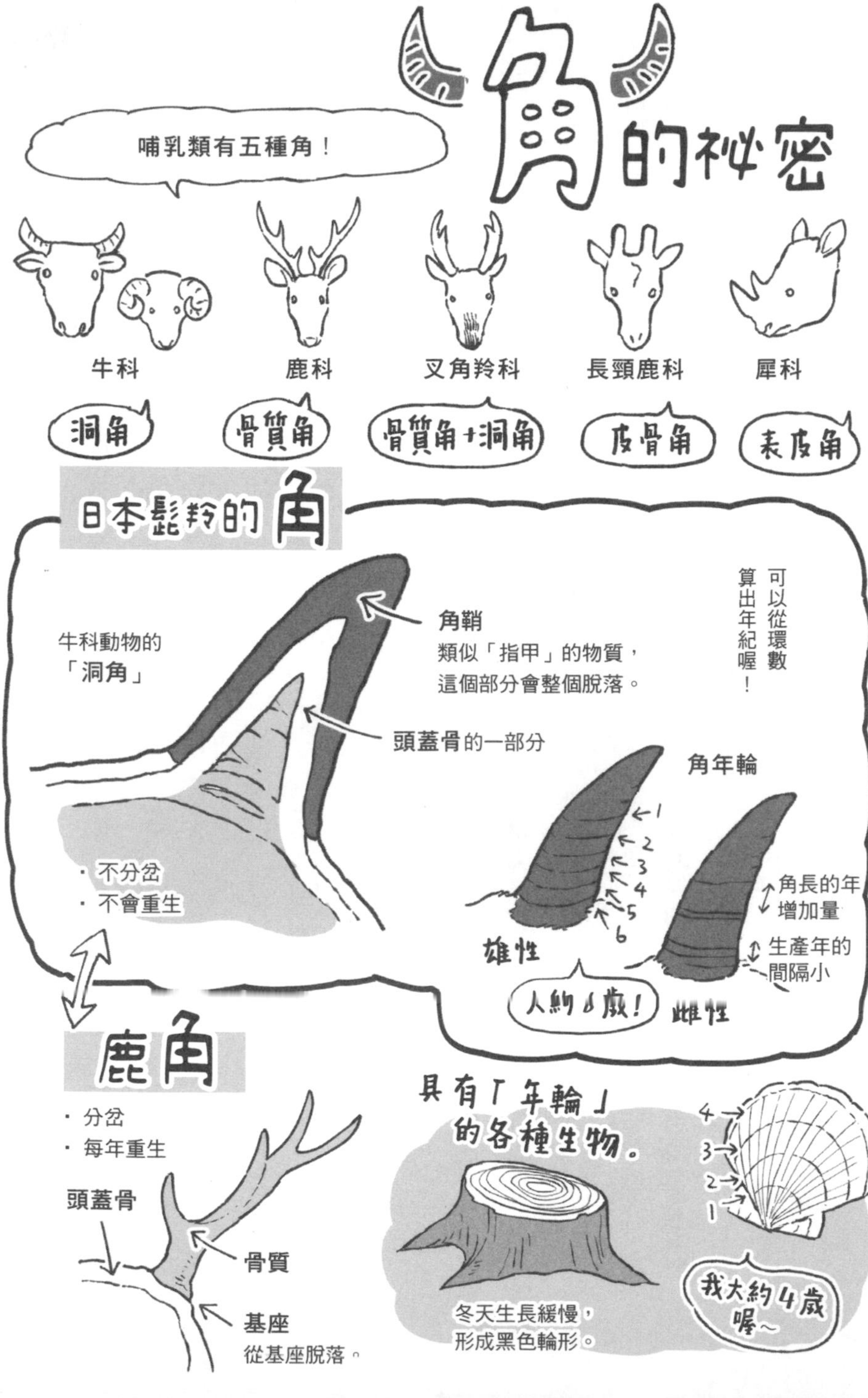

№59

麻雀喜歡逐人類而居

日本的麻雀（***Passer montanus***）**其實滿稀有的**，儘管全世界的城市都能看到麻雀科的鳥種，但是那些大多是**家麻雀**（*Passer domesticus*），**不同於日本的麻雀。家麻雀一點都不怕人**，餵食麵包屑時，不但會像鴿子一樣聚過來，甚至還會**跳到人類手上**，也可以在家裡飼養。反過來說，在日本（或東亞）餵食米粒給麻雀，牠們也不太會靠近人類。

家麻雀比麻雀更有演化上的優勢，不但比較聰明，而且不怕人，體型也更大一些。如果歐洲的家麻雀進入麻雀的棲地，麻雀勢必會敗下陣來，**被趕到山中生活★**。生物界一山不容二虎，**單一區域容不下相同生態棲位的兩個物種**，比較強勢的新物種出現時，原有的物種會被迫遷往條件較差的地方，自己想辦法適應新環境。而山區環境又比較嚴苛，因此粗略來說，**棲息在高海拔山區的最原始（古老物種）**，**森林區其次**，**平地則是最有演化優勢的物種**。因此以狸貓和狐狸來說，住在森林的狸貓比較原始，以日本髭羚和牛來說，住在山區的日本髭羚更原始，不過凡有原則必有例外，不能一概而論。

麻雀自願「逐人類而居」，**當人類從村子裡消失時**，**麻雀也會不見蹤影**。或許對於麻雀來說，人類是可以驅趕貂這類敵人的「稻草人」。

★麻雀的學名是 *Passer montanus*，日本的麻雀棲息於平地，棲地在山區的則是比較小型的山麻雀（*Passer rutilans*）。

麻雀說

鳥類的叫聲分為「鳴唱（song）」（向雌鳥求偶或對其他雄鳥進行威嚇）與「鳴叫（call）」（平常的叫聲），比方說日本樹鶯的「ho～hokekyo」是鳴唱，鳴叫則是「嘖、嘖」。

6 譯註：〈麻雀之家〉是一首日本兒歌。

№ 60

雄踞山頭的金鵰和熊鷹

誰是生態系最強的動物？答案是**金鵰**和**熊鷹**。牠們位於生態系的頂端，幼熊或幼狼都逃不過牠們的魔爪，西藏人甚至會馴服金鵰來獵捕灰狼。

腳爪是這些猛禽的武器，牠們只有一爪向後，其他三爪向前。在飛撲地面時一腳抓住獵物，**將後爪刺進心臟**，就足以讓獵物一刺斃命，獵物死後只需要用鳥喙撕開肉就能大快朵頤了。

鵰和鷹同屬鷹科，通常以大小區分稱呼，粗略來說，**體型大的是鵰**，**小的是鷹**，兩者的守備範圍各不相同。**金鵰**的大本營是樹木稀少的北方，牠們在**草原上空盤旋**，鎖定野兔或蛇為獵物。日本的金鵰選擇的獵場是沒有禁止伐木的草地，而最近林業蕭條，林地面積漸漸壓縮草地面積，成為牠們瀕臨滅絕的原因之一……另一方面，**熊鷹**來自多樹的南方，**狩獵地點是森林區**，獵物是狸貓或貂，素有「**森林之王**」之名。

「**鳶**」的體型又比鵰更小，一般人聽說黑鳶會翻找腐肉食用，就下意識認為牠們比較低階，其實不然（腐肉是很多鷹鳥的食物）。牠們常常在天上盤旋，「嗶——啃啃啃」的叫著。除此之外，還有一種猛禽叫**遊隼**，牠們會急速俯衝捕食其他鳥類，不過最近的ＤＮＡ研究指出，**遊隼在親緣關係上更接近鸚鵡**，如果這件事屬實，還真是有點反差。

熊鷹說

有些熊鷹特別有勇無謀，竟然去攻擊日本髭羚或梅花鹿。不過那些都是不自量力的青少年，日本髭羚或梅花鹿太大了，不用肖想啦！

最近草地變少了，狩獵老是不太順利。
金鵰
張開翅膀時長達2公尺，日本最大的鳥類。
嗯，我懂，人工林的獵物很少……
我現在比較常在天上抓獵物。
熊鷹
張開翅膀時長達1.5公尺。
此時的城市…
遊隼
烏鴉大小。
而且這一帶超多鴿子的！
蒼鷹
烏鴉大小。
我是最近搬來的，乘著高樓風飛行好快樂耶！
和我以前住的懸崖很像。
紅隼
隼科動物，鴿子大小。
我也是！我們抓的是小型鳥嘛。
城市是我們的地盤！滾出去啦！
烏鴉

№ 61

金鵰和熊鷹各有各的狩獵本事

前面提到金鵰和熊鷹各有各的獵場，獵場的環境不同，狩獵方式自然也會改變，這是在所有動物身上一體適用的道理，我想要進一步來談談這個部分。箇中的關鍵是什麼？那就是**草原和森林**的差異。

草原的狩獵型態大多是「**追蹤型**」，**典型的例子是狗**。這一類動物是在遼闊的草原奔走，以嗅覺或視覺尋獲獵物後進行追蹤，而獵物也不會坐以待斃，牠們逃跑的速度只會越來越快，兔子就是一個例子。而鹿和牛則選擇**形成群體**，降低自己被攻擊的機率。如此一來，獵人們也得像狗或狼一樣試著**團隊合作**。

基本上，**金鵰**都是獨自在天上尋找獵物，一旦找到就急速俯衝偷襲。不過，日本的金鵰也會**形成配對關係**，**通力合作**，其中一方負責驅趕，把獵物趕到另一方那裡去，與灰狼的狩獵方式相同。

森林中的狩獵大多屬於「**埋伏型**」，森林裡的視野不佳，不利於奔跑，因此更適合靜靜埋伏，等獵物一來就把握機會，悄無聲息地進行偷襲。**埋伏型的代表是貓**。貓有柔軟的肉球，埋伏前進時能夠悄然無聲。牠們都採取單獨行動、靜靜躲起來，而且對於環境裡微小的變化很敏感。有「森林忍者」之名的**貓頭鷹**、**蛇和蜘蛛**，也都屬於埋伏型。**熊鷹**在森林裡基本上是埋伏型狩獵，不過在視野好的地方也會飛上天尋找獵物。

尼安德塔人說

我們也會分工合作，獵捕長毛象這種大型野獸，但是克羅馬儂人（Cro-Magnon）好像是帶著犬隻抓一些小動物，他們獲得的肉量加總起來好像更多啊……

沙沙ー
銅長尾雉→
小步走
找到了，很好。
讓你見識我森林之王的厲害…
啊，是熊鷹！
↑松鴉
我們把牠趕走吧！
群聚滋擾
弱者的滋擾行為，意在趕走強者。
咻
咻
啊啊！煩人精來了。
我正有興致耶…
認真開戰的話還是熊鷹更強，所以只是假裝攻擊而已…
我也常常中招呢！

為什麼有些動物短命，有些動物會長壽？

專欄③

情況有百百種，沒辦法在這裡逐一說明，大略來說，壽命的關鍵在於體型。環境改變，首當其衝的就是小型動物，無論是冷熱變化或食物不足，芝麻綠豆大的改變都能立刻要了牠們的命，而且牠們也更容易被掠食者獵捕。相對來說，小型動物成年、繁殖的時程很短，繁衍下一代的速度快，適應環境的新種也出現得更快。

相反地，大型動物較不會受到細微的環境變化所影響，而且體型大也代表了體溫更容易維持。打個比喻，湯碗裡的熱湯通常很快就涼了，但浴缸裡的熱水卻不容易變冷吧？大型動物單位體重的食量不需要多，即便一段時間沒進食也餓不死。牠們不易受到敵襲又長壽，可以慢慢繁衍下一代。

然而，一般來說，大小型動物一生中單位體重的熱量（食量）大致相同，小型動物體重雖輕，食量卻大，呼吸和心跳都很快，大型動物的呼吸和心跳就比較慢。儘管心跳頻率不同，一生中的心跳數（雖然有各種說法，不過大約是十五億次）和呼吸數卻一致。因此直觀來說，大小型動物的一生或許是一樣長的。

※ 詳情可參考本川達雄《大象時間老鼠時間》（ゾウの時間 ネズミの時間ーサイズの生物学）。

第四章

就想和稀有的你們見一面！

№ 62

雷鳥是冰河時期的遺產

★這種「冰河期的遺產」名叫「孑遺種」，比較常見的有盛開在太平洋側沿岸低地的豬牙花和海邊的玫瑰。

日本高於海拔兩千五百公尺的地方，因為低溫、大雪和強風而長不出高大的樹木，這一條界線是所謂的「**森林界線**」。森林界線以上屬於高山帶，植被有低矮的偃松或荷包牡丹等高山植物，這裡就是雷鳥（*Lagopus muta*）的棲地。目前日本僅存兩千隻的雷鳥[7]是相當罕見的鳥類。

雷鳥的一大特點就是牠們屬於**冰河期**的「遺產」★，全球寒化的冰河時期，牠們生活在結冰地與平地的邊界，那裡氣候寒冷，也有偃松生長，環境類似現在的高山帶或北極圈附近的草原。後來氣候漸漸變暖，隨著冰河融化、偃松消失，雷鳥的祖先不斷往北移動。由於高海拔的氣溫比較低，因此當時有些雷鳥選擇遷往高山地區。倖存下來的雷鳥**像孤島一樣遺世而獨立**，如今在飛驒山脈和乘鞍岳看到的就是牠們。

現在的飛驒山脈**依然能看到冰川**，劍岳的三之窗雪溪、小窗雪溪、鹿島槍之岳的隱里雪溪都屬於冰川。這些冰川入夏也不會融化，已經存在了幾萬年。

另一批北遷的雷鳥，則是棲息在西伯利亞和阿拉斯加，牠們也像孤島一般各自出沒在不同地方。雷鳥分布的最南界就是日本，北海道的雷鳥已經滅絕了，只剩下比雷鳥更有演化優勢的花尾榛雞（*Tetrastes bonasia*）。

7 譯註：分布在日本的雷鳥為日本特有亞種，學名 *Lagopus muta japonicus*。

雷鳥說

歐洲有一種雷鳥的親戚叫「松雞」，外形很花俏，經過演化後已經可以住在平地的森林了（北海道的花尾榛雞也屬於這一類）。鳥類在演化的過程中都越變越漂亮呢，不過有些還是長得很樸素啦！

8 編註：又稱圈谷，台灣也有兩處圈谷地形，雪山圈谷及南湖圈谷。

№ 63

很會詐傷的雷鳥媽媽？

一般認為**陰天或雨天**比較容易見到雷鳥的蹤影，畢竟幼鳥在這種天氣比較不容易被天上的**金鵰**與**熊鷹**找到，與晴天相比更有安全感。乘鞍岳的幼鳥在孵化後，存活到第五、六周的機率不到百分之五十，可見那是個多嚴苛的世界。除了猛禽之外，不僅有**白鼬**會獵捕雷鳥，最近**狐狸**和**貂**也上遷高山帶，導致雷鳥的數量減少。為了復育雷鳥，政府已經在飛驒山脈北岳推動相關活動，希望夜間能將幼鳥置入鳥籠中保護。

其實雷鳥也有自己的防身之術，母雷鳥在發現敵人時會「**呱啊、呱啊**」叫，幼鳥聽到就會趕緊躲到偃松下。要是敵人繼續逼近幼鳥，母雷鳥會拍動翅膀或者戲劇化地拖行身體★，試圖保護幼鳥。這樣宛如負傷的動作能夠吸引敵人的注意，等敵人靠近時牠再飛開，飛到一段距離外之後又回到地上來拍動翅膀，重複幾次就能讓敵人不知不覺遠離鳥蛋或幼鳥。這種行為稱為「**擬傷**」，常見於在地上築巢的鴴科與雁鴨科鳥類。

高山帶的低溫也是幼鳥的致命敵人，還沒長大的小幼鳥，**得不時鑽進母雷鳥的腹部下方取暖**，否則在天寒地凍中很容易凍死。

★在「很想逃走」和「保護幼鳥」之間的激烈拉扯之中，一邊的翅膀張開想飛，另一邊保持原狀，所以看起來很像是受傷的動作。

雷鳥說

富士山最早是一千至五千年前的火山爆發形成的年輕火山，沒有偃松帶，也沒有雷鳥出沒。而且單峰山容易結冰打滑（雪坡凍得硬梆梆），我們沒辦法鑽到雪下藏身。

●雷鳥的食物

很少有鳥類在嚴苛的環境中依然以葉子為食，雷鳥就是例外。植物的葉、芽、花、果實等所有部位都是牠們的食物。

№ 64

雷鳥一年要換三次裝

冬季期間，雷鳥會下遷到森林界線或低於森林界線的地方，雄鳥和雌鳥各自形成群體。雷鳥的全白色冬羽在雪地中是隱蔽性很高的顏色。

入春之後，雄鳥先上遷到大雪覆蓋的高山帶，劃定自己的領域，落單的雄鳥只能找擁有領域的雄鳥爭吵，博得一席之地。這個時期開始，牠們會漸漸換上「**繁殖羽**」，雄鳥的繁殖羽偏黑，雌鳥羽毛則是鵪鶉的咖啡色斑紋。領域確立完成後，雌鳥也上遷高山帶邂逅雄鳥，繁殖季的雄鳥換裝後，眼睛上方會有**大紅色肉冠和黑色尾羽**，非常顯眼，一看就知道是雄鳥。這些是所謂的「**標誌色**」（頁80），也是向雌鳥求婚的「標記」。

七月，雄鳥會在石頭上「守衛」，雌鳥則在偃松中的鳥巢下蛋。幼鳥一出生就會立刻離巢，雄鳥也會離開領域，換上黯淡的「**秋羽**」，開始單獨行動，畢竟此時再不換掉繁殖羽就顯得太花枝招展了。

育雛中的雌鳥會再過一段時間才換上秋羽，大概是幼鳥長大的八月尾聲到九月。到了十月中旬開始積雪後，雌鳥和雄鳥又漸漸換上全白的「**冬羽**」，幼鳥也離開母鳥，自己獨立。**多數的鳥類是每年換羽一到兩次**（春、秋），所以換裝三次的雷鳥其實還滿罕見的。

鴨子說

綠頭鴨雄鳥身上的漂亮綠羽毛也是繁殖羽喔（就是夏羽，只是鴨子是在隆冬換上夏羽）。雄鴨的冬羽與雌鴨一樣樸素，因此又被稱為「蝕羽」。換羽時無法飛行，所以非常危險，我們都希望盡可能保持低調。

雷鳥的換羽周期

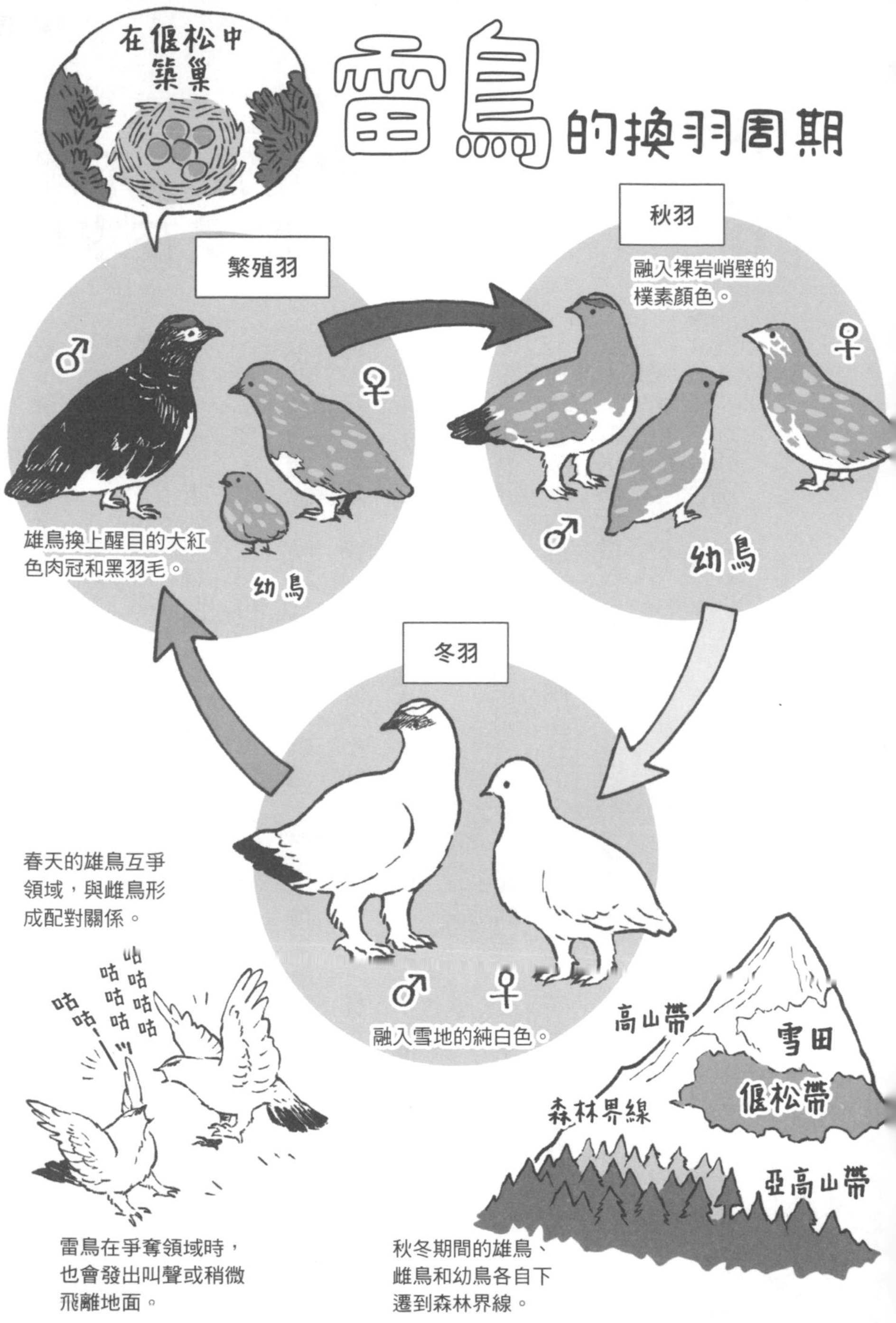
在偃松中築巢
繁殖羽
♂
♀
雄鳥換上醒目的大紅色肉冠和黑羽毛。
幼鳥
秋羽
融入裸岩峭壁的樸素顏色。
♀
♂
幼鳥
冬羽
♂
♀
融入雪地的純白色。
春天的雄鳥互爭領域，與雌鳥形成配對關係。
咕咕！
咕咕咕咕
咕咕咕咕
雷鳥在爭奪領域時，也會發出叫聲或稍微飛離地面。
高山帶
雪田
偃松帶
森林界線
亞高山帶
秋冬期間的雄鳥、雌鳥和幼鳥各自下遷到森林界線。

為什麼雷鳥展示尾羽就是在求偶？

前面提到，雄雷鳥的眼睛上方有一條紅色肉冠，這其實是雉科鳥類的特色。雉科的許多鳥類都不太善於飛行，包括孔雀、雞和雷鳥。我雖然不清楚雷鳥的情況，不過環頸雉雄鳥的肉冠比雷鳥更紅更肥厚，可以推測，**肉冠越是鮮豔肥厚，情場可能就會越順遂**★。

雄雷鳥在求偶時會面向雌鳥、**低下頭，將黑色尾羽展成扇形**，要是雌鳥一直不接受，雄鳥就要再接再勵，不斷嘗試。環頸雉和雞的示愛方式也雷同，不過牠們還會呼喚雌鳥，**用鳥喙啄地，做出「你看看，這裡有食物喔」的動作**，這與親鳥找到蟲之後，要幼鳥快吃的動作一模一樣。啄地面的時候，頭要低下去，**尾羽自然會翹起來**，有人認為這個動作與「展示尾羽（尾上覆羽）」的行為有關。

進一步發展下去，就是孔雀開展又大又美麗的飾羽進行求偶了。我們推測這種行為箇中的含意是在對雌鳥宣示：「儘管我這麼高調、這麼容易被敵人鎖定，但仍然活得好好的，足以證明我既健康又強壯了吧！」

從親鳥的餵食發展成吸引雌鳥的求偶方式，接著又變成展示飾羽，動物界真是不可思議。

★這種現象也可見於猴子，猴子的屁股越紅越受歡迎，因為紅色是血液循環良好的證明，是健康的指標。

初春時，雌鳥上遷高山帶。
喔，視野真好，有方便藏身的偃松、裸岩峭壁、食物…
這塊領域真是不錯啊。
雄鳥
示愛的機會來了！
走…
快來看看我漆黑的尾羽，還有彷彿熱情燃燒的肉冠！
看一眼
走走～
等一下，請看仔細啊！
烏鴉般的羽色形成非常美麗的黑白對比喔…
走走走
等等！
雌鳥通常不會馬上接受雄鳥，或許是想測試對方是否有毅力。

紅頭伯勞說

我們在連唱好幾首熱門金曲（模仿其他鳥類的鳴唱）之後，就會以口對口的方式將食物送給雌鳥，這是所謂的「求偶餵食」，其他鳥類也有這種行為。

幫助偃松帶擴大面積的星鴉

星鴉（*Nucifraga caryocatactes*）是鴉科動物，**身上的白色斑點宛如夜空中的點點繁星**，牠們常常駐足在高山的岩石頂端或針葉樹的樹梢。

鴉科動物多有「**儲藏食物**」的習性（比如說松鴉），但是星鴉藏**偃松果實**的位置很古怪。秋天的星鴉會一整天頻頻往返高山區覓食，牠們咬下偃松的松毬後，放在岩石上打種子、啄出來，接著存放進自己的大**喉囊**中，帶回位於亞高山帶的鳥巢藏起來。以喉部搬運種子的牠們，鼓到連我們的肉眼都看得出來。

據說，北美的星鴉（加利福尼亞星鴉，*Nucifraga columbiana*）每年藏松子的地方超過八千六百處。即便食物在雪地下，牠們還是能準確挖出大量的種子，實在不簡單。

不過總是有些被遺忘的種子留在原地，隔年發芽長出新生命。星鴉還會在坍方的土體上儲藏食物，使得偃松得以擴張到這種地方，因此牠們又被稱為**讓森林重生的鳥類**。

星鴉在二月下旬開始築巢，三月下蛋，**比其他鳥類稍微早一點開始育雛**。這可能是因為牠們的天敵蛇類是變溫動物，三月的山區依然寒冷，蛇類活動不是很活絡，此時育雛比較有利。亞高山帶雖然少有雛鳥能吃的東西，不過星鴉不需要操這個心，牠們秋天孜孜不倦儲藏的偃松種子，在育雛時正好可以派上用場。

星鴉說

一般的松毬張開種子就會飛散出來，偃松的松毬卻是閉闔的，這代表偃松沒辦法靠自己傳播種子，得靠我們啊。我們還在富士山搬運日本五葉松的種子，不知道以後會不會形成日本五葉松帶！

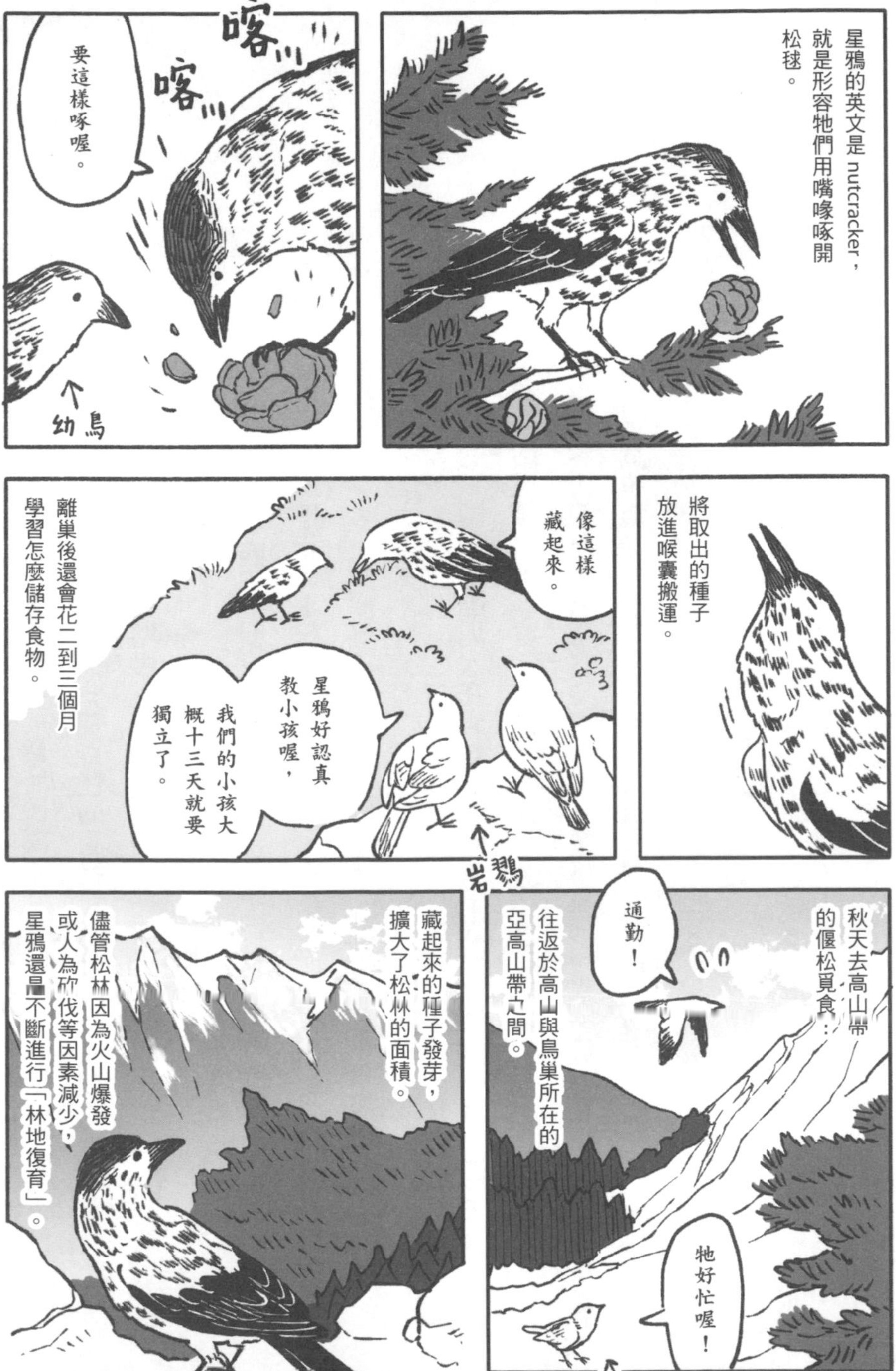

No 67

逆流而上的大鯢

大鯢（娃娃魚）是很古老的生物，繁盛於兩千萬年前的中新世，大鯢在歐洲本來已滅絕，只剩下化石，然而德國醫師西博德（Siebold）在幕府末期來到日本，發現日本人會把一種奇怪的生物醃來吃。西博德取得了這個生物，並把活體帶去荷蘭，結果震撼了全歐洲：「咦！牠的形態和化石一樣！大鯢還存在嗎？」—★

距今三億年前，魚類登上陸地後，最先出現的是**兩棲類**，牠們的後代包括青蛙、蠑螈和大小鯢。一般的兩棲類在破卵而出後馬上能以**鰓呼吸**（比方說蝌蚪），長大經歷變態的過程後登陸，改以**皮膚和肺部呼吸**（比方說青蛙）。但是大鯢的變態過程卡在中間，牠們一生都是在水中度過，這一點也滿原始的。牠們靜靜埋伏在岩石陰暗處，不管靠近的是小魚、蝦子、青蛙或**小鯢（山椒魚）**，都會一口吃掉。

夏天，大鯢為了繁殖得逆流而上，當雌雄大鯢都逆流，**在狹窄的上游相遇的機會就會增加**。上游水流清澈又淺，因此覬覦卵的大魚比較少。抵達上游時，「優勢雄鯢」會先準備好窩巢，雌鯢前來產完卵就離去，在卵孵化到離巢超過四個月的期間，優勢雄鯢會原地留守，保護幼鯢。

★荷蘭的動物園後來飼養這條大鯢五十一年之久，牠好長壽啊！

大鯢說

優勢雄鯢要抵禦對手才能保衛條件好的巢穴，不過雌鯢一進來，戰敗的雄鯢們就會速速入巢散播精子後再離開，很厚臉皮吧！但是不管出生的是誰的孩子，全都要保護，這就是優勢雄鯢的工作。

大鯢平常不太愛動。
視力也不是很好。
這個味道和動作…是食物嗎？
咦？
吸食
連水一起吸進去。
哇～
每幾十分鐘到一小時換氣一次。
呼——
春天，啟程前往上游。
如果遇到水泥防波堤，可能會游不上去……
哇啊啊啊！
唰唰唰唰唰唰唰
喔喔喔喔！
大鯢
最大的兩棲類，有些長達1.5公尺。棲地是海拔400～800公尺的里山溪流。
我們棲息在山上的清澈河川裡喔。
小鯢
體長約10～20公分，有些小鯢種分布在海拔2000公尺的山上。成體會上岸生活。

在樹上產卵的森林樹蛙

蛙類是變溫動物，**冬天在地底下冬眠**，等天氣暖和一些才會醒來，匯聚到池子或沼澤邊繁殖下一代。雖然目前還不明朗，不過牠們**回去的地方應該是自己的出生地**，那裡就是雌雄相遇的場域。此時「**蛙鳴的交響樂**」開始上演，大批的雌蛙與雄蛙齊聚一堂鳴叫，在鬧哄哄的環境中配對（當然也有在半路上就搭訕成為情侶的雌雄蛙）。

雄蛙**不管身旁是什麼都會緊緊擒抱**，雌蛙被雄蛙擒抱的時候，有一個固定的「**拒絕叫聲**」，雄蛙聽到就得離開。不過如果有使用不同「拒絕叫聲」的外來種在場，就會造成溝通不良的麻煩。還有些會**誤抱鯽魚或鯉魚不放的呆瓜雄蛙**，牠們會一直抱到精疲力竭才離開。

成功配對之後，一般的青蛙會在水中產卵、孵出蝌蚪。不過**森林樹蛙**（*Zhangixalus arboreus*）的產卵方式不一樣，牠們是**爬到樹上產卵**。每個地區的產卵季不盡相同，大約是五或六月，雌蛙爬到突出池面的樹枝，然後在旁邊待命的雄蛙抱接著雌蛙的背部。雄蛙在雌蛙分泌出的白色黏液上排出精子讓卵受精，用腳攪拌，讓黏液變成**泡沫狀**，此時附近的兩、三隻雄蛙就趁機聚集過來排放精子。卵泡乾枯後會變硬，藉以保護裡面的卵，經過一個星期的孵化，等到下雨溶解卵泡，一隻隻蝌蚪就順勢掉進池子裡了。

在樹上產卵的森林樹蛙。
奇怪？慘了，要再過去一點。
一不小心，就會在不是池水上方的樹上產卵。
池子
等到下雨之後…
滴答
滴答
滴答
蝌蚪從卵泡中掉下來。
撲通
掉落
嘿嘿，美食來了。
紅腹蠑螈
雖然蝌蚪命運多舛，不過，若是能倖存下來，就會成為真正的森林樹蛙。

蠑螈說

吃蝌蚪的「蠑螈」是兩棲類，我們很喜歡水邊環境，日本常見的紅腹蠑螈（Cynops pyrrhogaster）有毒性，摸到了記得馬上洗手。而和蠑螈很像的壁虎（守宮）則是爬蟲類，是不一樣的生物。

№ 69

潛水捕魚的西表山貓

西表山貓（*Prionailurus bengalensis iriomotensis*）是僅存於沖繩西表島的稀有貓科動物，牠在一九六五年被發現時，被認為是「新種」，電視媒體也大幅報導，現在日本只剩下約一百隻。若是從ＤＮＡ來分析，西表山貓屬於**石虎**（*Prionailurus bengalensis*，又名亞洲豹貓）的亞種，石虎則廣泛分布在各大陸塊，不過，小型貓科動物的ＤＮＡ都很相似（分家是比較最近的事了），我其實有點懷疑，單憑ＤＮＡ是否能辨別「物種」層級的差別★。

西表山貓**個性溫和**，一般的小型貓科碰到人類就躲，牠們卻會悠悠哉哉地走出來，所以很容易被車撞傷。

西表島面積小、獵物少，生活並不容易，不但要捕老鼠或爬樹偷襲小型鳥的棲所，加上牠們也不怎麼挑食，所以**蝙蝠**、**蜥蜴**、**蛇類**、**蛙類或灶馬**都來者不拒。除此之外，野鴨為了避免危險，會在池水中央睡覺，西表山貓甚至能潛水過去獵鴨或捕魚。我們很少聽說貓科會**潛水**的吧！

小型貓科動物一般在吃鴿子大小的獵物時，會先除毛再啃肉，西表山貓卻習慣**把羽毛一併吃掉**，讓自己吃得一嘴毛，糞便中都能看到大量的羽毛。牠們的**進食方式非常沒有效率**，不過沒效率卻很有**原始物種**的特色。而且身為肉食動物的牠們**偶爾也吃草**，有一說認為吃草有整腸的效果，另一說則認為吃草才吐得出毛球。

★石虎有三十顆牙齒，而西表山貓只有二十八顆，腦部也小了兩成，總之，我覺得還是該把牠們視為特有種並多加愛護。

石虎說

日本的石虎有兩種，另一種是分布在對馬的「對馬山貓（*Prionailurus bengalensis euptilurus*）」。整座對馬島嶼有一半是大陸的生物，一半是日本的生物，而對馬山貓是來自歐亞大陸的石虎亞種。

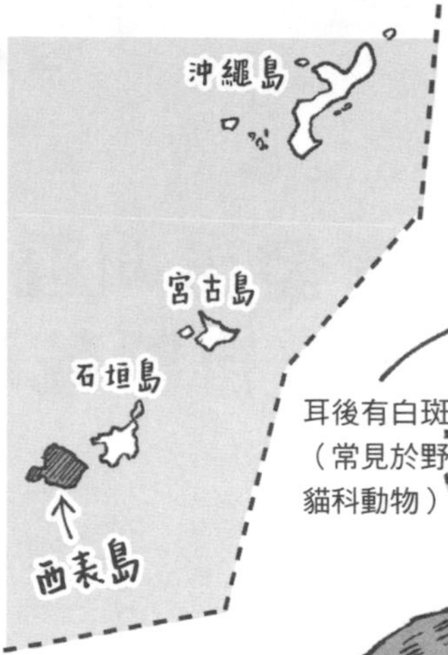
沖繩島
宮古島
石垣島
西表島

西表山貓的特徵

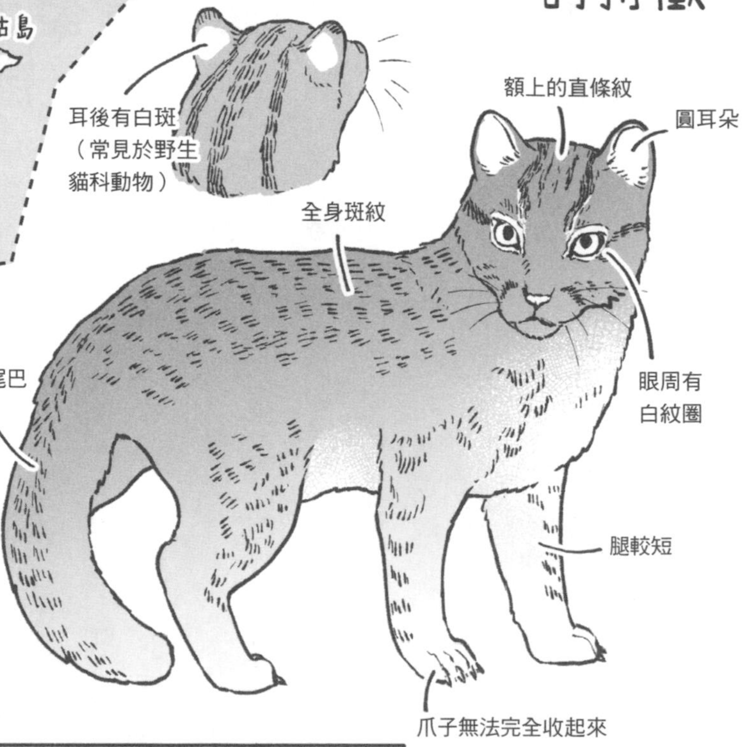
耳後有白斑（常見於野生貓科動物）
額上的直條紋
圓耳朵
全身斑紋
又粗又長的尾巴
眼周有白紋圈
腿較短
爪子無法完全收起來

公
55～60 公分
3.5～5 公斤

母
50～55 公分
3～3.5 公斤

西表島上沒有食物能夠養活大型掠食者，但是一直傳出「有什麼東西存在」的傳聞。
唉呀！山裡出現了好大的動物啊。
抓到那隻動物的人把牠扛在肩上，牠尾巴會垂到地上耶。
是山閃電吧！（在山上發出閃光的東西）
當地居民

野生的貓科動物
對馬山貓
東南亞有一種更擅長潛水的「漁貓」

№ 70

鼠兔會發出叫聲，也會自製乾草

鼠兔分布在北海道裸岩區，是**非常原始的兔子**，體長十五公分，**耳朵又小又圓**，乍看之下**很像沒有尾巴的老鼠**，牠們也是冰河期從北方陸塊遷入的冰河期**孑遺種**。

鼠兔是種適應了寒冷的裸岩區環境的動物。聽過「**風洞**」是什麼嗎？風洞是冷風能夠通過的地底洞窟，富士山山腳的風洞地形就很有名。北海道有一處風洞很多的裸岩區，那裡夏天涼爽，冬天也不會結冰，儘管海拔低，還是有會開花的高山植物存在，而這裡就是鼠兔的棲地。或許是因為裸岩區的食物有限，牠們會劃定領域，排除同性，並且在岩石上高聲吱吱叫，讓其他鼠兔知道自己的存在，同伴聽到了也會以叫聲回應——「我在這裡，這裡是我的領域」。牠們在同樣的地方排出藥丸形狀的糞便，糞便大量堆積起來，形成一座金字塔，看到糞堆就知道鼠兔不遠了★。

鼠兔在夏秋之交開始儲藏食物，為了度過為期超過半年的寒冬，牠們會咬斷高山植物，銜在口中搬運（前腳抓不住），並在四處的岩石暗處囤積約莫一個水桶的食物量。等植物變成乾草之後，再搬到不受雨雪吹打的地方，沒有冬眠習慣的牠們得靠這些食物熬過冬天。

★鼠兔白天也會活動，因此我們還是有機會見到牠們的身影。清晨或傍晚的時候可以靜靜躲起來，等待牠們發出叫聲。

鼠兔說

我們也會吃「盲腸便」（頁94），還知道一個絕招，就是將盲腸便放在岩石上，等乾燥以後再享用。這些屎的口感酥脆，滋味無窮……唉唷！這是可以吃的大便啦！

№ 71

在黃綠龜殼花威脅下努力育幼的奄美兔

奄美兔（*Pentalagus furnessi*）是種很原始的兔子，只分布在奄美大島與德之島。三百萬年前的地殼變動使得島嶼與大陸分離，留在島上的那一批奄美兔倖存至今，原本分布在大陸與本州的卻已經滅絕了。

由於耳朵生得小、腳也生得小，因此牠們不常跳躍，不過，反正以前的島上沒有肉食哺乳類存在，神經再粗都能夠存活。牠們的毛色偏黑，是夜行性動物，與鼠兔同樣有領域性，傍晚開始活動前，會發出**「唧——唧——」的叫聲**，宣告自己在森林中的位置★。

島上沒有肉食哺乳類，卻有駭人的黃綠龜殼花，奄美兔採取了一些防範策略，除了睡在自己挖的洞裡面，還會另外挖出幼兔用的洞穴，一個洞裡通常生一隻（極少情況是兩隻）。兔子一般都很會生，不過奄美兔是屬於**生得少但細心呵護的類型**。母兔在生產後，**會用土蓋住洞穴**，並以前腳小心翼翼蓋牢，讓這個洞穴不會輕易被破壞，也不會受到風吹雨打。

母兔大概每兩天回來一次，回來時再次挖開洞，讓幼兔出來喝奶兩分鐘。餵完奶、整理完自己的毛（或許是在消除乳汁的氣味）之後，還要把入口蓋上。奄美兔的乳汁濃稠到可以撐過四十八小時，這就是牠們保護小孩不受黃綠龜殼花威脅的方式。

★長臂猿早上醒來也會馬上「嗚嗚～～」唱歌，而鳥類是早晚鳴叫，這都是為了向同族宣告，以避免紛爭。

兔子說

如奄美兔一般會挖洞，且技巧更高超的是穴兔（*Oryctolagus cuniculus*），而進軍草原、擁有更高超奔跑技巧的是野兔。野兔的耳朵不是很長嗎？那是因為跑步時的體溫會升高，需要大耳朵幫助散熱。

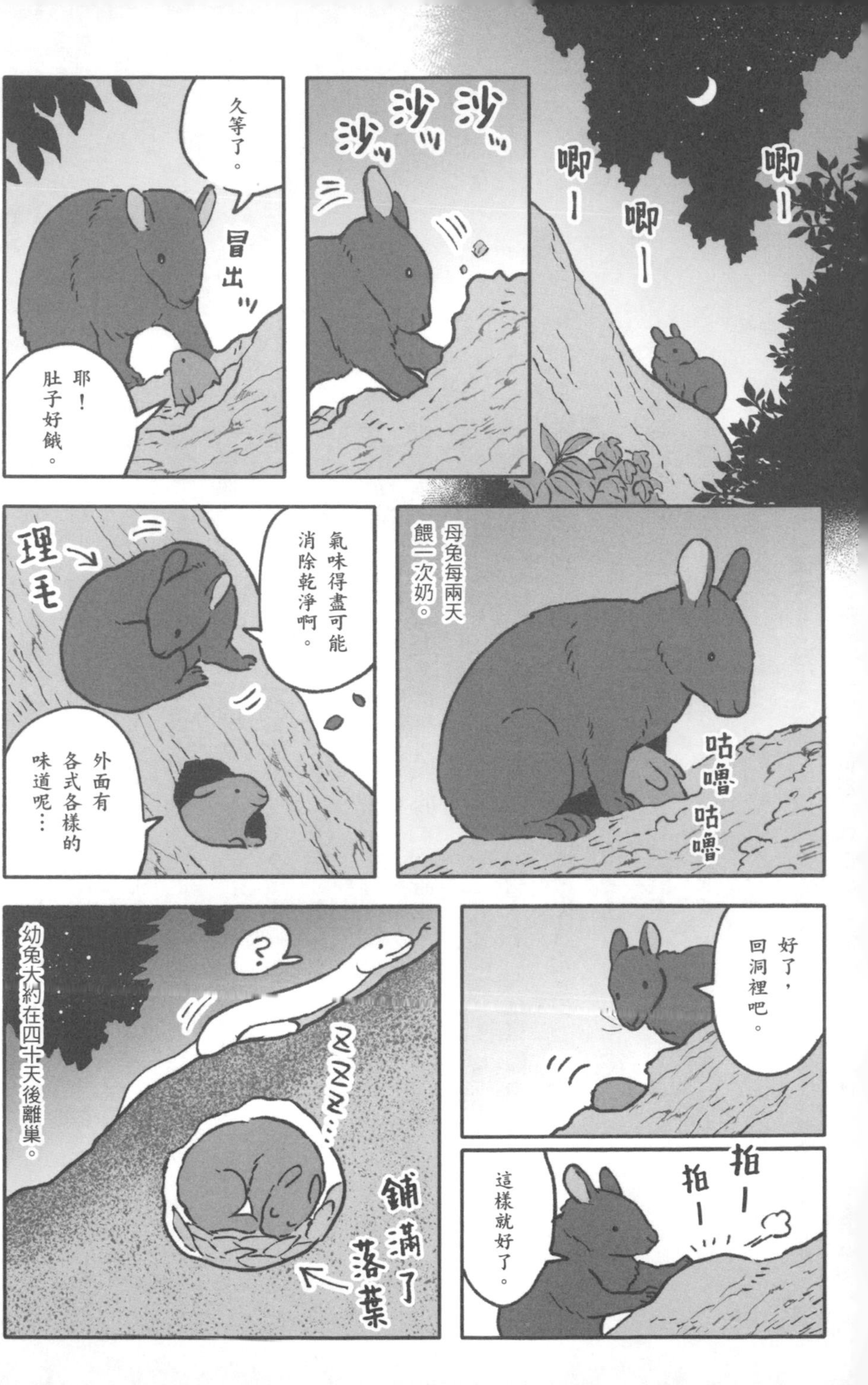
唧ー
唧ー
唧ー
沙ッ
沙ッ
沙ッ
久等了。
冒出ッ
耶！肚子好餓。
母兔每兩天餵一次奶。
咕嚕
咕嚕
理毛
氣味得盡可能消除乾淨啊。
外面有各式各樣的味道呢…
好了，回洞裡吧。
拍ー
拍ー
這樣就好了。
幼兔大約在四十天後離巢。
?
ZZZ…
鋪滿了落葉

№ 72

日本水獺真的消失了嗎？

不久前，日本水獺（*Lutra nippon*）還是很常見的動物，分布遍及全日本。各地都有牠們捉弄人類的傳說，還有傳言提到**河童的本尊**就是日本水獺。然而，人類看上水獺毛皮而四處濫捕，又在河川進行水泥護岸工程，導致日本水獺棲息地大減，最後一次目擊與攝影紀錄已經是一九七九年了。

在日本水獺瀕臨滅絕的一九七二到一九七八年之間，我頻繁往返高知縣的足摺岬角調查日本水獺。四萬十川是一條大河，也是日本數一數二的清流，那裡還能見到水獺的蹤影。水獺本來就是半水棲生物，在河裡抓不到獵物就得沿溪而下，出海狩獵，捕完魚再回到深山林區的棲所。我看準水獺可能出現在某個海岸，於是去懸崖下的河邊搭帳棚隨時監看，沒日沒夜地等待。而且水獺是夜行動物，需要**通宵達旦**才能捕捉到牠們的身影，這可讓我吃足了苦頭。

我發現牠們每隔一星期會來三天左右，這也代表來回移動的距離大約是十公里。我還找到了水獺在陸地上的足跡、糞便，以及在**草叢中打滾弄乾毛皮的痕跡**（水獺的身體要是持續的潮濕，也是會失溫死亡）。

我信心滿滿認定這一天能看到本尊，撐著快闔上的眼皮等了又等，卻始終沒看到牠們的身影。想不到在我死心收起相機後，就看到一隻體型比貓大很多、鼬一般細長的動物經過。這是誰？**就是水獺啊**！同樣的情境發生了三次，最後終於讓我拍到照片了。日本水獺如今雖然已經宣告滅絕了（二〇一二年），但是**牠們一定還存在**，近年高知縣也拍到了類似的影像，那肯定就是水獺。

日本水獺是鼬科動物。
腳上長蹼，善於游泳。
基本上過著獨居的生活。
小朋友，你們變得很會游泳了呢。
游啊游～
嗯。
哇！
是大蛇!?
扭動扭動
撲通
抓到魚之後放在石頭上，不會馬上吃。
還不吃嗎？
微笑微笑
再讓我欣賞一下。
這模樣很像是種祭拜儀式，因此日本的中國地方出現了「獺祭」這個詞。
水獺很喜歡玩耍。
動物園中的小爪水獺（只有日本水獺的一半大）會拋丟石頭或在滑水台上玩耍。

海獺說

同樣是鼬科，不過我們海獺是在海邊生活。我們腋下隨時夾著自己愛用的石頭，石頭可以敲碎貝類，搞丟了會很失落。海獺的毛皮也是最高檔的，一平方公分有超過十萬根底毛，摸起來又柔軟又溫暖喔。

No 73

不能沒有灰狼的日本森林

現在日本生態系的頂端，除了猛禽類就是熊類，而**雜食性動物位於生態系頂端是很不尋常的現象**。

霸主的寶座原本是屬於日本狼（*Canis lupus hodophilax*，灰狼的亞種）。灰狼是狩獵鹿與山豬的掠食者，然而灰狼的滅絕和獵人的減少，導致了鹿和山豬逐年增加，牠們不斷吃著森林裡的矮樹叢、樹皮，甚至高原植物，若是繼續放任不管，以這些花草為食的許多鳥獸和蜜蜂可能會消失蹤影——熊類沒有辦法取代灰狼原本的角色。

繁衍過度的鹿和山豬進入鄉間覓食，危害農作物的情形因而頻繁發生。話說回來，離開親熊的年輕個體走到哪裡都會碰到其他熊的領域，四處被驅趕的牠們只好下遷鄉間。人類活動空間和野生動物的棲地之間失去了明確的分界。

不久之前，村莊的周遭都是流浪犬的天下，而猿猴、鹿、山豬、熊……這些動物都討厭狗，因為狗會形成群體徹夜巡邏。然而，流浪犬貓對於野生動物或生態所帶來的影響，例如攻擊、獵食，導致野生動物直接的傷亡，或是競爭棲地與食物資源，都成為近年頗為棘手的生態隱憂，如何達成平衡，解決問題，也是許多專家學者努力處理的課題。

狗說

只要我們走來走去，整夜巡邏，熊就不會來了，我們家族的卡累利阿熊犬（驅熊犬）可以察覺熊的氣味與氣息並叫醒人類，在長野縣相當活躍。

滅絕的日本狼

在灰狼一族中體型較小，
與中型的日本犬差不多！

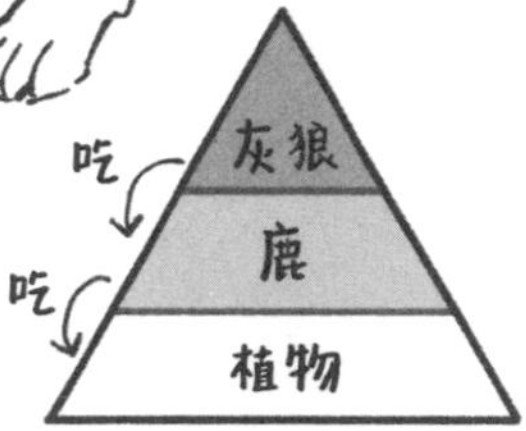
吃
吃
灰狼
鹿
植物

據說北美的一頭灰狼，每年需要的肉量是 15～18 頭鹿。

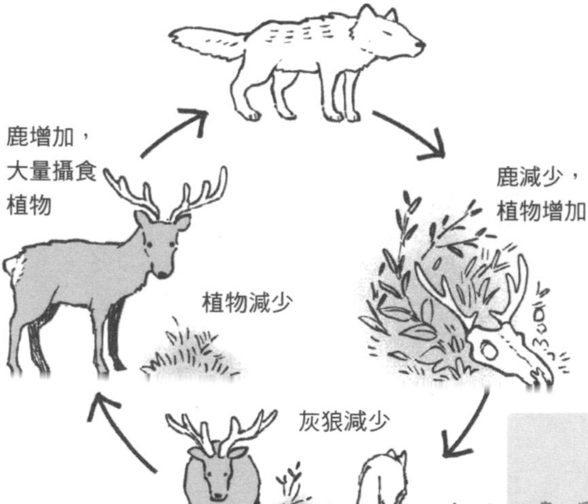
灰狼增加，
大量獵捕鹿隻
鹿減少，
植物增加
灰狼減少
植物減少
鹿增加，
大量攝食
植物

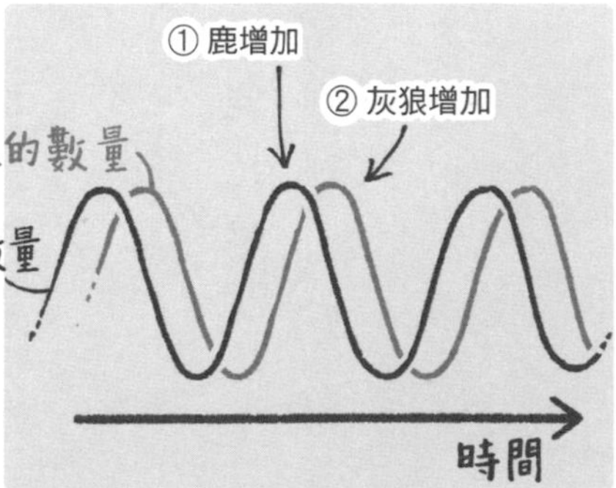
① 鹿增加
② 灰狼增加
灰狼的數量
鹿的數量
時間

灰狼（掠食者）增加，鹿（獵物）就會減少；鹿減少，灰狼就會減少。掠食者和獵物的數量本來就是在互相消長之中取得平衡。

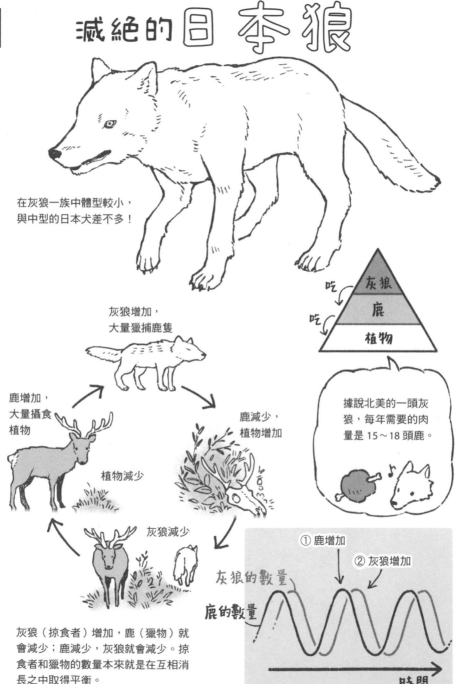

№ 74

美國讓灰狼復活了

日本過去將灰狼奉為**森林之神**，**認為牠們能幫忙驅逐破壞田地的鹿與山豬**★。而灰狼在歐洲則是被視為**攻擊綿羊等家畜的害獸**，一直很不討喜，好比說童話《小紅帽》中的大野狼，就是個反派角色。

於是歐洲的灰狼遭到大量的獵捕，十九世紀前，英國等許多國家就已經看不到灰狼的蹤影。美國（阿拉斯加等北部地區除外）留下的最後紀錄是一九二六年，從此灰狼便消失了。灰狼的消失，造成**駝鹿和紅鹿**急速增加，連帶**森林和草原也跟著荒廢**。

雖然同屬犬科的**郊狼**也是掠食者，但是郊狼體型較小，不會獵捕駝鹿。競爭對手消失之後，繁殖過度的郊狼也成了問題。郊狼增加，小動物就會減少，小動物減少，以牠們為食的狐狸或老鷹就會減少，**這樣的連鎖效應也導致生態系越來越趨於單一**。

於是有人進行了一場世紀大實驗。一九九五年和九六年，總共有三十一隻**加拿大的灰狼被野放**到黃石國家公園中。二十五年後，紅鹿從一萬兩千隻減少為四千隻，園中的楊樹與柳木增加，曾經消失的河狸也回來了，灰狼的數量則是穩定維持在一百隻上下。

★秩父的三峯神社、寶登山神社，以及青梅和川崎的武藏御嶽神社，都是祭祀野狼的知名神社。

灰狼說

日本狼的滅絕也是人類的錯，人類不但用槍砲濫捕動物，導致灰狼的食物減少，除此之外，還有歐洲等地的犬類傳染病入侵，然後明治時期（一八六八至一九一二年）政府大舉砍伐森林、移除狼隻，害我們失去了容身之處。

一九八〇年代，美國的黃石國家公園。
嗨！駝鹿。
紅鹿最近如何？
日子難過啊，有營養價值的草變少了，去年冬天死了很多同族。
我們也是。
對了，最近都沒見到狐狸耶。
河狸也是……
感覺森林都荒廢了。
咻
咻
……
……
現在
嗷ー嗚ー
嗷ー嗚ーー……
哇，是灰狼！
快逃啊！
不過，森林又變熱鬧了呢！

狗的尾上腺是祖先的遺產

灰狼以一對公母狼（夫妻）為中心，形成數隻到十幾隻的**群體**，夫妻之外的成員，基本上都是與牠們有血緣關係的手足或後代，除了狩獵之外，也會幫助其他夫妻育幼。

灰狼的狩獵比想像中更花時間，牠們得兵分幾路追趕獵物，因此要**透過狼嚎掌握彼此的位置**。狼群在狩獵開始前或結束後，也常常會發出狼嚎，這個行為或許同時具有團結士氣的意義。除此之外，狼嚎還有各種功能，包括**讓其他狼群知道己群的存在**，**或者尋找不見的夥伴**。

狗在聽到救護車的聲音時，不是也會嚎叫嗎？灰狼和狗是比較晚期才從「**共同祖先**」（Canis）中分家，無論是以尿液標記領域，或者狩獵時咬住獵物後腳的阿基里斯腱以阻止獵物動作，都是灰狼與狗的共同特徵。

而且，灰狼尾巴基部的內側有個叫作「**尾上腺**」的黑色斑點，這裡會散發類似**紫花地丁的氣味**，推測可能是用來吸引異性的。仔細觀察親緣關係與灰狼相近的犬種（比方說西伯利亞哈士奇）會發現，同樣的位置也有一個**黑色斑點**，抓住這裡可以摸到一塊硬硬的小肉，同屬犬科的狐狸也擁有尾上腺。

灰狼說

灰狼和狗的親緣關係很近，也可以繁衍後代。不過，狗狗總是很在意人類的眼神和動作呢，我們倒是不會放在心上，這可能是犬狼之間特別大的差異吧。

留守在家的幼狼們……
育幼者
咚
咚咚
灰狼的狩獵仰賴個體之間的隨機應變與合作。
有時夥伴先繞到前方埋伏……
嗷—嗚
有時追趕獵物，讓群體中弱小的個體落單。
灰狼吃剩的東西，其他生物也會享用。
郊狼
嗷—嗚
嗷
幼狼只要一年的時間就會長大。
好想早點加入大人的行列啊。

№ 76

群狼有沒有老大呢？

大家可能聽過灰狼的「優勢個體（alpha，老大）」如何如何，說狼群與猴群一樣，具有嚴格的位階制度，小弟必須絕對服從老大。另外還包括「帶頭決定方向的是老大，其他個體照位階排序，低階灰狼走路都垂頭喪氣」、「有資格交配的只有優勢公狼和優勢母狼」、「公狼之間的位階之爭相當激烈」等說法。

然而近年有人提出不同的研究，指出**野生灰狼沒有所謂的「老大」**。嚴苛的位階制之所以存在，是因為以前我們的觀察對象都是圈地餵養的灰狼，在狹窄空間裡聚集了各種灰狼，才會形成不自然的群體。

野生灰狼走的是「適才適所」路線，小弟可以暫時率領狼群，母狼也可以擔任首領，大家追隨的對象自然是所謂的老大，而且幾乎沒有發生位階之爭。這個研究認為，老大隨時在注意要怎麼讓成員相處融洽，因此也不建議使用「優勢個體」這個詞，而是單純稱之為「領導者」或「大家長」。

儘管過去「只有優勢個體可以交配」的說法已經成為定論，不過在黃石的公園的狼群中，已經有數隻母狼繁衍後代的紀錄，可見動物的行為也是依環境而定。

灰狼說

只要得到領導者夫妻認可，縱使是沒有血緣關係的「孤獨一匹狼」，一樣可以進入狼群中。老灰狼也相當受到重視，畢竟薑是老的辣，有老灰狼在，狩獵成功率也會提升。

遇見山林裡的小動物

あえるよ！山と森の動物たち

作　　者　今泉忠明（Imaizumi Tadaaki）
繪　　者　帆
譯　　者　陳幼雯
審　　訂　林大利
責任編輯　何韋毅
封面設計　mollychang.cagw.
排　　版　葉若蒂

編輯出版　遠足文化事業股份有限公司
行銷企劃　張詠晶
行銷總監　陳雅雯
副總編輯　賴譽夫
執 行 長　陳蕙慧

發　　行　遠足文化事業股份有限公司（讀書共和國出版集團）
地址 23141 新北市新店區民權路 108 之 2 號 9 樓
代表號 （02）2218-1417　傳真 （02）2218-0727
客服專線 0800-221-029　Email service@bookrep.com.tw
郵政劃撥帳號 19504465
戶名 遠足文化事業股份有限公司
網址 www.bookrep.com.tw
法律顧問　華洋法律事務所　蘇文生律師
印　　製　呈靖彩藝
初版一刷　2023 年 11 月
初版二刷　2024 年 8 月
I S B N　978-986-508-270-3
定　　價　380 元

AERU YO ！ YAMA TO MORI NO DOBUTSUTACHI

Originally published in Japan in 2021 by ASAHI PRESS Co., Ltd.
Traditional Chinese translation rights arranged with ASAHI PRESS Co., Ltd. through AMANN CO., LTD.

國家圖書館出版品預行編目（CIP）資料

遇見山林裡的小動物／今泉忠明著；帆漫畫；陳幼雯譯 .-- 初版 .-- 新北市：遠足文化事業股份有限公司，2023.11；192 面；14.5×20 公分；譯自：あえるよ！山と森の動物たち
ISBN：978-986-508-270-3（平裝）
1. CST：野生動物　2. CST：動物生態學　3. CST：漫畫
383.5　　112015271